WINTERBLÜHER

Jelena de Belder und Bie Wouters

Fotografie Marc Slootmaekers

WINTERBLÜHER

Düfte und Farben im winterlichen Garten

Landwirtschaftsverlag

Prunus

Hamamelis x intermedia

Teil 2
Stauden, Zwiebel- und Knollengewächse 73

Einführung

Warum dieses Buch?

„Als wir zum ersten Mal über ein Buch zum Thema Winterblüher sprachen, dachte ich: Das wird sicher ein ganz dünnes Buch. Jelena de Belder zählte die Pflanzen auf, an die sie dachte: Diese und jene sind für einen winterlichen Garten geeignet. Die Liste hatte innerhalb kürzester Zeit einen derartigen Umfang erreicht, dass ich mir die Vorstellung von einem dünnen Buch schnell aus dem Kopf schlagen musste. Und bei jedem Treffen kamen neue Pflanzen aufs Tapet, sodass der Umfang des Buches rigoros begrenzt werden musste und Absprachen getroffen wurden." *Bie Wouters*

Von wann bis wann?

Vom 1. November bis zum 1. April: die fünf kalten und dunklen Monate des Jahres. Auch im Winter kann der Garten mit blühenden und duftenden Pflanzen aufwarten.

Können sie hier gedeihen?

Ein wichtiges Kriterium bei den Pflanzen, die hier vorgestellt werden, ist ihre Winterhärte. Wie verhalten sie sich in unseren milden, aber wechselhaften Wintern? Können sie im Boden überleben? Müssen sie abgedeckt oder an einen geschützten Ort gepflanzt werden? Müssen sie in einem ungeheizten Raum überwintern? Sind sie für kleinere Gärten oder Waldgärten geeignet? Sind sie ausdauernd?

Links *Hamamelis* x *intermedia* 'Robert'

In diesem Buch werden Pflanzen behandelt, die im Winter den Garten beleben, und zwar ohne besonders problematisch zu sein. Von diesen Winterblühern sind viele bereits einem größeren Gartenpublikum bekannt, andere können noch etwas gefördert werden, verdienen es, wieder angepflanzt zu werden, oder sind in der Gartenwelt relativ neu. Sie wurden beobachtet und beurteilt, und die Ergebnisse dieser jahrelangen Erfahrungen werden in diesem Buch beschrieben. Diese Pflanzen finden hoffentlich ihren Weg zu Gärtnern und Gartenliebhabern und zu allen, die sich auch im Winter an Pflanzen mit ihrer unerschöpflichen Vielfalt und ihrem Charme erfreuen wollen.

Wie können sie uns bezaubern, finden sie bei uns Anklang?

Andere Kriterien sind Schönheit und Duft in der Blütezeit. Darüber hinaus sollten die Pflanzen auch den Rest des Jahres ein reizvolles Erscheinungsbild als Baum, Strauch oder Staude bieten.

Mehr Duft und Farbe im winterlichen Garten

Eisblumen an den Fenstern sind die einzigen Blumen, die im Winter blühen. Haben Sie das gedacht? Dieses Buch will in Düften und Farben das Gegenteil beweisen. Wir sprechen daher nicht über Wintergärten und Orangerien, sondern über Pflanzen in Ihrem oder meinem Garten, die in den stillen Monaten blühen, die nicht oder kaum frostanfällig sind, die nicht unbedingt drinnen überwintern müssen, die für Überraschungen sorgen, indem sie tapfer blühen, die sogar in Schnee und Eis das Herz jedes Gartenliebhabers erwärmen. Gut eingepackt durch den Garten schlendern, hier einer Blume aufhelfen und ihr ins Herz schauen, dort einen zarten Duft schnuppern – das sind wunderbare Momente, die wir uns nicht entgehen lassen sollten. Gönnen Sie sich eine lebendige Blume in der Jahreszeit, die alles andere als tot ist. Wir haben dieses Buch geschrieben, um Sie dafür zu gewinnen.

Wir erfreuen uns in Belgien eines atlantischen Seeklimas. „Erfreuen“ ist das richtige Wort. Die Nähe des Meeres ist ein Segen. Das wurde mir sehr bewusst, als ich einmal von Korea über das eurasische Festland nach Hause geflogen bin. An der Farbe der Landschaft sah ich, dass das Meer nicht mehr weit entfernt war. Das Land ist grüner. Durch den Einfluss des Meeres gibt es eine größere Vielfalt an Pflanzen, Tieren und Menschen.

Unsere Winter sind mild und wechselhaft. Die Pflanzen reagieren darauf: Bei Frost bleiben die Knospen sicherheitshalber geschlossen, und wenn die Temperaturen steigen, blühen sie auf. Wenn das milde Wetter anhält, blühen die Pflanzen durch, wenn nicht, blühen sie später weiter. Winterblüher haben nicht die großen und auffallenden Blüten der Frühlings- und Sommerblumen, aber sie blühen länger, besser über die Zeit verteilt und viele haben außerdem einen zarten Duft. Für Pflanzen kommt es schließlich darauf an, bestäubende Insekten anzulocken, die sich an Tagen mit etwas Sonne nach draußen wagen. Und sie haben dabei keine Eile.

Winterjasmin

Winterblüher blühen in ihrer Ruhezeit. Für die Bäume und Sträucher, die ihr Laub verlieren, bedeutet das, dass sie am kahlen Holz blühen, wodurch die Blüten mehr auffallen und für Insekten leichter zu finden sind. Für den Gärtner sind dies festliche Momente in einem stillen Garten. Unzählige Blüten sitzen wie Perlen an den kahlen Zweigen – manchmal mehr, manchmal weniger.

Wir wollen nicht vergessen, die Weiden zu bewundern, die blühenden Koniferen, die wintergrünen Sträucher mit ihren Blüten, die sich unter den Blättern verstecken. Wenn wir unter einem Baum ein Wildes Alpenveilchen oder ein frühes Zwiebelgewächs blühen sehen, dann sind wir im siebten Himmel.

Aber sind Winterblüher wirklich winterhart? Das ist die Frage, die sich besorgte Gärtner stellen. Winterhärte ist ein relativer Begriff und nicht in Regeln und Zahlen zu fassen. Peter Smithers schreibt: „Jede Pflanze ist winterhart, außer wenn ich sie selbst sterben lasse.“ Allerdings hatte er seine Gärten an den großen italienischen Seen südlich der Alpen.

Wenn wir über Winterhärte reden, meinen wir Pflanzen, die unsere Winter ungeschoren in der Erde überleben. Streng genommen sind Winterblüher Pflanzen, deren Blüten im Winter sexuell aktiv sind, imstande, bestäubt und befruchtet zu werden und Früchte zu tragen – beispielsweise Zaubernuss, Nieswurz und Winterblüte.

Darüber hinaus gibt es die im Winter blühenden Pflanzen. Sie blühen und auch nach Frost blühen sie noch einmal, aber sie haben keine Samen und können sich daher nicht auf Dauer ansiedeln.

Für den Gärtner macht es keinen großen Unterschied, ob die Pflanze, die er wählt, zur ersten oder zur zweiten Gruppe gehört. Ihm ist die Überraschung der Blüte wichtig.

Jeder Gärtner macht im Laufe der Jahre seine eigenen Erfahrungen im Garten:

- Eine blühende Zaubernuss leidet keine Not, auch wenn die Temperatur bis auf –25 °C sinkt, während einige Rhododendren schon gegen geringen Frost sehr empfindlich sind.
- Eine Nacht Eis wird toleriert, aber eine lange Frostperiode ist für viele Pflanzen schädlich.
- Eine Pflanze, die in der vergangenen Wachstumsperiode zu Kräften gekommen ist, wird im Winter mehr Widerstandskräfte haben.
- Zu nass oder zu trocken ist schlimmer als zu kalt.
- Große und plötzliche Temperaturwechsel können in der Rinde von Bäumen und Sträuchern Frostschäden verursachen.

Pflanzen, die extrem niedrigen Temperaturen nicht gewachsen sind, können wir unter die Arme greifen. Wir können ihnen einen Platz an einer Mauer geben oder sie in die Nähe eines Baumes stellen, wir können sie mit Laub oder Tannenzweigen bedecken oder sie in einen ungeheizten Wintergarten oder auf die Terrasse stellen.

Topfpflanzen haben den Vorteil, dass man sie umstellen kann, sodass sie leicht in ihr Winterquartier gebracht werden können. Besonders nützlich sind zwei Töpfe: Der Übertopf bleibt draußen und nur der Plastiktopf kommt in den Wintergarten.

Aber auch wer keinen Wintergarten hat, kann sich für Winterblüher entscheiden. In unseren Gärten müssen wir ohne tropische oder südliche Schönheiten auskommen, aber unser Klima ist oft so mild, dass es schwer fällt, sich zwischen den vielen Winterblühern zu entscheiden.

Dieses Buch will dem Gärtner dabei helfen. Glückliche Momente intensiv zu erleben, den zarten Duft und die flüchtige Schönheit im winterlichen Garten genießen zu können – das wünsche ich jedem Gartenfreund.

Jelena de Belder

Teil 1

Bäume und Sträucher

Abeliophyllum ⁕ Schneeforsythie

Ich kann mich nicht mehr daran erinnern, wie dieser wintergrüne Strauch, *Abeliophyllum distichum*, in mein Leben gekommen ist. Vielleicht weil ich von einem prächtigen Bild auf einer Weihnachtskarte aus England gerührt wurde? War es die positive Beschreibung in einem Buch von Bean, die mich neugierig machte? War es vielleicht der Katalog von Hillier?
Wir bestellten die Pflanze und wider besseres Wissen pflanzten wir sie an die Südmauer unseres Hauses zu Füßen einer *Actinidia*, aber im Sommer nahm diese Kletterpflanze dem Strauch Licht und Wärme. Die *Actinidia* war so gierig und durstig, dass die Schneeforsythie zu kümmern begann.
Die Blütenzweige sind zart und hängen anmutig über. Wenn die Zweige den Boden erreichen, wurzeln sie und so konnte ich nach einiger Zeit voller Erfahrungen die Pflanze auch anderen empfehlen und Jungpflanzen an Freunde und Interessenten verschenken.
Ich sprach mit Pierre Lombarts, dem Sohn von Jacques Lombarts, darüber. Während meines Studiums hatte ich in ihrer Gärtnerei in Zundert (Niederlande) ein Praktikum gemacht. Pierre veröffentlichte einen Beitrag über diesen Neuling und man begann, die Pflanze zu kultivieren. Arnold Arboretum (USA) besaß die Pflanze seit 1933. Sie kam nach Kew Gardens (Großbritannien) und wurde 1944 von der Royal Horticultural Society (RHS) mit einem First Class Certificate geehrt. Das bedeutet eine ganze Menge, denn normalerweise bekommt man den Preis erst nach einer Recommendation und einem Award of Garden Merit. Die Pflanze hat dem verwandten und allbekannten Frühjahrsblüher, der gelben Forsythie, voraus, dass sie etwa zu Weihnachten mit wunderbaren weißen Blüten blüht. Und vor allem ihr zarter Duft spricht für diese Pflanze. Im Haus ist dieser Duft noch feiner!

Links *Prunus mume* 'Beni Shidon'
Rechts *Abeliophyllum distichum,* Schneeforsythie

Während unseres Besuchs in Südkorea im Frühjahr 1967 haben wir *Abeliophyllum distichum* nicht in freier Natur gesehen. Im Institut für Forstwissenschaften versicherte man uns, diese endemische Pflanze käme nur noch in Nordkorea (ihrem Ursprungsland) vor. Wir warteten derweil gespannt, ob sie in unserem Garten blühen würde, und sie blühte tatsächlich, aber viel früher als in ihrem Heimatland.
Einige Jahre später bereisten wir mit unserem japanischen Freund Kamo San Nordkorea. Damals sahen wir die Pflanze, zu einer Hecke von etwa 40 cm Höhe geschnitten, im Botanischen Garten von Pjöngjang. Dies ist sicherlich die schrecklichste Art, den Strauch zu behandeln. Ich würde nicht im Traum daran denken, seine dünnen Zweige zu beschneiden. Man schneidet seine jungen Triebe ab und opfert so zukünftige Blüten, die in meinen Augen seinen Charme ausmachen.
Ein zweites Mal pflanzten wir die Schneeforsythie dicht an die Gartenmauer, die mit einem Wilden Wein (*Parthenocissus tricuspidata* 'Veitchii') bewachsen war. Aber auch diesmal begingen wir den gleichen Fehler. Sie stand zu dicht an einer Magnolie (*Magnolia macrophylla*), die mit ihren großen Blättern die Pflanze überschattete. Leider ist dieser Baum im Winter 1998/99 eingegangen. Glück im Unglück, denn der Schneeforsythie geht es so viel besser. Sie ist knapp 2 m hoch und in feuchten Jahren bildet sie Ableger. Jedes Jahr nehme ich mir vor, zwei bis drei Jungpflanzen an verschiedene Stellen zu pflanzen um zu sehen, wo sie am besten gedeihen.
Die weißen Blüten haben einen purpurfarbigen Kelch. Vor kurzen habe ich in einem Katalog gelesen, dass es auch ein Art mit hellrosa Blüten gibt. Hat man sie in der Natur entdeckt? Hat jemand sie aus Samen gezogen, und wenn ja, wie ist er an die Samen gekommen? Ich habe jedenfalls an unserer Pflanze noch nie Samen gesehen.
Es ist wichtig, die Pflanze an einen warmen und sonnigen Ort zu pflanzen. Die Bodenart spielt dabei keine große Rolle und die Pflanze verträgt niedrige Temperaturen. In Nordkorea war es im März noch sehr kalt und das schien ihr nichts auszumachen.
Es gibt verschiedene Möglichkeiten, die Schneeforsythie zu pflegen: In einem kleinen Garten sollte man sie nach der Blüte zurückschneiden. Alle zwei bis drei Jahre kann man die langen Zweige kürzen. Man kann sie an einer Mauer wachsen lassen und nur die toten Zweige entfernen. An einem Hang oder einer Treppe kann man sie – ebenso wie Winterjasmin – gewähren lassen.

Acer ✻ Ahorn

Wer Ahorn sagt, denkt zuerst an dekorative Blätter, schöne Herbstfarben, geflügelte Früchte und sicher nicht an einen blühenden Baum. Als ob ein Ahorn nicht blühen würde! Die meisten Arten blühen im Mai, aber es gibt auch Vorläufer. An einem strahlenden Märztag ist ein blühender Ahorn eine gelbe oder rote Wolke gegen den blauen Himmel.
Der amerikanische Rot-Ahorn, *Acer rubrum*, blüht vor dem Laubaustrieb. Er blüht nicht nur rot, sondern

färbt im Herbst auch seine Blätter rot. Ich kenne hauptsächlich zwei schöne Kultursorten dieser Art: 'Schlesingeri' hat eine breite runde Krone, 'Tilford' ist ein kleinerer Baum mit hängenden unteren Zweigen. Die Blütentrauben sind scharlachrot.

Das Exemplar im Arboretum Kalmthout wurde in den fünfziger Jahren von Russell Page gepflanzt und ist jetzt schon genauso hoch wie die hundertjährigen Koniferen der ehemaligen Gärtnerei. Die meisten Besucher achten nicht auf den blühenden Baum, da es in der gleichen Zeit so viel zu ihren Füßen zu sehen gibt.

In der Allee, die zum Arboretum Kalmthout führt, steht zwischen den europäischen und amerikanischen Ahornen *Acer opalus*, der Italienische Ahorn. Im März blüht er mit gelben Trauben an den Zweigenden und kurz darauf entfalten sich gelb-grüne junge Blätter. Ein Frühlingsstrauß in Baumform.

Linke Seite *Acer opalus,* Italienischer Ahorn
Links *Acer rubrum* 'Tilford'
Rechts *Alnus japonica,* Japanische Erle

Der Eschen-Ahorn, *Acer negundo*, blüht etwas später im März / April. Die männlichen Blütenstände fallen durch ihre langen, gelben Staubfäden und dunklen Staubbeutel auf. Sie erscheinen gemeinsam mit dem Laub.

Auf diesen Frühblüher folgen *A. saccharum, A. saccharinum* und noch etwas später *A. monspessulanum*. Letzterer ergibt zusammen mit dem gelben Hartriegel und der Forsythie ein schönes Frühlingsbild.

Alnus ❊ Erle

„Blühen" ist nicht das Gleiche wie „Blüten tragen". Es sind die Pollenkätzchen, die die Erle so dekorativ machen. Schon im November / Dezember blüht die einheimische Schwarz-Erle, *Alnus glutinosa*. Die Kätzchen sind noch kurz und starr und lassen zusammen mit den Erlenzapfen den kahlen Baum wie schwarze Spitze vor den graugrünen Winterhimmel erscheinen. Am Ende des Winters sind sie ausgewachsen und reif und hängen an den Enden der Zweige.

Für viele gehören Erlen in die offene Landschaft und nicht in einen Garten. Bei der Gartenplanung wird an Erlen häufig nicht gedacht. Aber es gibt zierliche Erlen, die den Weiden und Pappeln, die sehr wohl angepflanzt werden, nicht unterlegen sind. Alle drei – Erle, Weide und Pappel – mögen feuchten bis sumpfigen Boden. Warum sollte man die Erle ausschließen? Pflanzt man Märzbecher (*Leucojum vernum*) darunter, erhält man ein schönes Gesamtbild. Auch in der freien Natur wachsen Erlen und Märzbecher gerne nebeneinander. Eine goldene Form der Grau-Erle *Alnus incana* 'Aurea' ist im Frühstadium ein hübscher kleiner Baum. Im Dezember haben sich die Kätzchen an den Enden der Zweige noch nicht entfaltet. Sie sind lachsfarben bis rot. Später sind sie gelbgrün und hängen herunter. Wenn der Baum größer ist, spielen sich diese schönen Details natürlich über unseren Köpfen in der Baumkrone ab und entgehen uns vielleicht.

Eine amerikanische Art, *Alnus rubra*, hat sehr lange (10–15 cm) rotbraune Kätzchen, die wie Troddeln an den Zweigen hängen.

Im Dezember / Januar sind die Kätzchen von *Alnus japonica* schon ausgewachsen. Sie ist ein kleinerer Baum, der seine grünen Blätter bis zum Jahresende behält und einen guten Sicht- und Lärmschutz bildet. Diese Erle fühlt sich hier offensichtlich nicht wohl, trägt zwar viele Zapfen, aber ihr Samen ist unfruchtbar. Und da sie sich nur durch ihre Samen vermehren kann, ist sie in Europa sicherlich keine alltägliche Erscheinung. *Alnus* x *spaethii* ist eine Kreuzung aus *A. japonica* und *subcordata*. Sie wird sehr groß (15 m) mit einer pyramidenförmigen Krone und zieht alle Aufmerksamkeit auf sich, wenn sie blüht. Überreife Kätzchen fallen ab und bedecken den Boden wie ein Teppich. Wir haben auch *Alnus nepalensis* ausprobiert, aber ohne Erfolg. Diese Art ist nicht winterhart genug, ebensowenig wie *Alnus nitida*, ein großer Baum mit besonders langen Kätzchen (10–15 cm). Letzterer beginnt schon im September zu blühen und die Kätzchen reifen bis zum Dezember. Er wird bis zu 30 m hoch.

In einem Landschaftsgarten mit feuchtem Boden darf die Erle wegen ihrer imposanten Erscheinung auf keinen Fall fehlen. Märzbecher, frühe Krokusse und ein tapferes Gänseblümchen hier und dort im Gras verschönern den quasi wilden Garten noch. Für kleinere Gärten ist *A. glutinosa* 'Imperialis' mit ihren farnartigen Blättern und ihrer luftige Krone sehr dekorativ.

Chimonanthus fragrans, Winterblüte

Cedrus ❄ Zeder und andere Koniferen

Die meisten Koniferen tragen Zapfen, manche Scheinbeeren. Diese zierlichen Früchte kennen wir alle nur zu gut. Aber um Früchte zu tragen, muss ein Baum erst blühen. Wann und wie? Koniferen blühen häufig unbemerkt, vor allem im Winter, wenn viele Koniferen mit männlichen Blütenständen schwer beladen sind. Diese Pollenkätzchen können eine Konifere in ihrer Farbe verändern. Eine blühende Kalifornische Flusszeder (*Calocedrus decurrens*) oder eine Eibe (*Taxus baccata*) ist schon von weitem zu erkennen. Ein gelber Schleier liegt über dem Baum. Einmal reif, werden Wolken aus Blütenstaub vom Wind mitgetragen, um die weiblichen unauffälligen Blüten aufs Geratewohl zu bestäuben.

Zu Beginn des Winters, im November, blühen die Zedern. Es sind majestätische Bäume in Parks und großen Gärten. *Cedrus libani*, die Libanonzeder, nötigt uns Respekt ab. Die älteste in Europa wurde 1646 im Themsetal gepflanzt. Ab dem 18. Jahrhundert wurde die Zeder ein Statussymbol auf großen Anwesen, erst in England, später auch auf dem europäischen Festland. *Cedrus libani* var. *atlantica*, die Atlaszeder, und *Cedrus deodara*, die Himalajazeder, blühen etwa zur gleichen Zeit, manchmal schon Ende September.

Im Januar blüht *Calocedrus decurrens*, die Kalifornische Flusszeder. Der ganze Baum ist in einen mattgelben Mantel gehüllt, bevor die winzigen Schuppen der männlichen Kätzchen sich aufrichten und den Blütenstaub freilassen. Im Februar blüht die Eibe, *Taxus baccata*, mit einer Menge hellgelber Kätzchen an der Unterseite der Zweige, natürlich nur an den männlichen Exemplaren.

Da sie zweihäusig ist und in Gärten häufig dem weiblichen Baum mit seinen hellroten Scheinbeeren der Vorzug gegeben wird, ist die Chance gering, dass an der Eibe in Ihrem Garten Kätzchen zu finden sind. Und wenn es um ein gestutztes Exemplar oder eine Hecke geht, schon gar nicht!

Chimonanthus ❄ Winterblüte

Meine erste Begegnung mit der Winterblüte, *Chimonanthus praecox*, werde ich niemals vergessen. Ich spreche darüber, als ginge es um eine Liebesgeschichte und das ist auch so, denn ich liebe alles, was lebt.

Es war Februar, als wir auf einer Fahrt nach Rom an den italienischen Seen übernachteten. Am nächsten Morgen fuhren wir weiter und in einer Kurve sah ich im Scheinwerferlicht eine große gelbe Kugel. Es sah aus, als sei der Mond auf die Erde hinabgestiegen. Ich träumte davon, einmal einen solchen Baum in meinem Garten zu haben. Ich hatte diese Pflanze schon auf englischen Weihnachtskarten bewundert. Die Engländer nennen sie „wintersweet", die Niederländer „winterzoet" – Wintersüß.

Ich habe es nicht gewagt, diese Pflanze zu bestellen. Würde sie hier gedeihen? Als ein deutscher Praktikant einige Zeit bei uns war, versicherte uns sein Vater, dass die Pflanze in seinem Garten in Hausnähe sehr glücklich sei. Erst dann haben wir uns getraut, die Pflanze anzuschaffen, zuerst zwei Exemplare: *Chimonanthus praecox* und die Sorte 'Grandiflorus'.

Später habe ich über Samenlisten noch andere Sorten bekommen. Nun werden wir jedes Jahr von ihrem süßen Duft verwöhnt, dem süßesten aller Winterblüher, bis auf eine Ausnahme vielleicht, den Duft der *Hamamelis vernalis*, der alle anderen übertrifft. Das ist jedenfalls meine Meinung. Der Duft ist nicht bei jeder einzelnen Pflanze gleich stark ausgeprägt. Man kauft die Pflanze am besten erst, wenn man daran geschnuppert hat.

Die Blüten sind flache Kelche, die ohne Stiel an den zweijährigen Zweigen sitzen, als seien sie daran aufgefädelt. Die innere Blüte hat die Farbe von Honig, so goldgelb und durchsichtig wie Wachs. *Ch. praecox* hat Blüten mit einem delikaten Weinrot innen, sodass die Staubgefäße umso mehr auffallen. Bei der Sorte 'Grandiflorus' sind die Kelche größer und gelb mit einem blassen Herzen ohne Fleck. Die Blüten hängen, aber wenn die Pflanze groß genug ist, muss man sich nicht bücken, um sie zu entdecken, zu bewundern und daran zu schnuppern.

In einer Novembernacht sank die Temperatur auf –8 °C. Den Abend zuvor hatte ich noch nach ihr geschaut. Die Zweige waren mit Knospen übersät, die aufspringen wollten und eine herrliche Blüte versprachen. Es fror die ganze Nacht und ich konnte den großen Strauch unmöglich abdecken. Morgens ging ich ängstlich dorthin. Viele Knospen waren abgefroren und lagen auf der Erde. Die anderen würden wahrscheinlich folgen. Aber nein! Die Pflanze hatte die Feuerprobe bestanden und erholte sich. Es war, als hätte sie einen Teil ihrer Blüten geopfert, um uns mit herrlichen Blüten und einem feinen Duft zu überraschen. Auch andere Pflanzen reagieren so auf Kälte – merkwürdig.

Die Winterblüte ist in China bekannt als „die blasse Winterpflaumenblüte". Ein Dichter aus dem 11. Jahrhundert besang die Blüten in einem kurzen Gedicht und seitdem ist die Pflanze in China sehr beliebt. Vor allem rund um das chinesische Neujahrsfest sind die Blüten sehr begehrt. Sie werden an Klammern befestigt und ins Haar gesteckt.

Neben *Ch. praecox* und *Ch. p.* 'Grandiflorus' gibt es noch andere Formen. Die Variation innerhalb der Gattung ist sehr groß. Um hier einen Überblick zu bekommen, müsste man die Pflanze in freier Natur gründlicher erforschen.

In China, wo sie wild vorkommt, selektiert man die Pflanzen, die sehr winterhart sind, am schönsten blühen und am meisten duften, um sie zu vermehren und zu vermarkten. Man muss natürlich auch die Früchte sammeln, bevor die Mäuse sie auffressen. Das geschieht nämlich mit den Früchten des *Calycanthus fertilis* (Nelkenpfeffer), einem amerikanischen

Verwandten der Winterblüte, der im Sommer blüht. Wir haben selbst aus Samen Arten mit kleineren Blüten gezogen: *Chimonanthus parviflorus* und *Ch. concolor*. Chris Lane, unser englischer Freund (Hadlow College, GB) besorgte uns sieben Jungpflanzen, unter denen *Chimonanthus yunnanense* und eine wintergrüne *Chimonanthus* 'Nitens' waren. Obwohl ich sie im Hemelrijk Essen, unserem Privatgarten, an einen geschützten Ort gepflanzt habe, haben drei nicht überlebt. Die anderen vier werden hoffentlich diesen Verlust wettmachen.

Cornus officinalis, Hartriegel

Im November blüht *Clematis rehderiana* mit kleinen gelben Kelchen, ist aber nicht wirklich winterhart. 'Jingle Bells' und 'Freckles' aus der *Cirrhosa*-Gruppe blühen etwa zur gleichen Zeit.

Im Dezember / Januar / Februar gibt es keine Blüten, aber dekorative Samenfasern als Extra, vor allem wenn es gefroren hat. Die Vögel benutzen diese Fasern zum Nestbau.

Im März blühen 'Early Sensation' und 'Pixie', Sorten von *Clematis armandii*. Diese wintergrüne Art kann an einem geschützten Ort draußen wachsen und hat viele weiße Blüten.

Wer sichergehen will, wählt einen geschützten Ort, holt die Pflanzen in einen ungeheizten Wintergarten oder pflanzt sie in einen Kübel. Für ihre Winterhärte kann nicht garantiert werden.

Clematis ✳ Waldrebe

Die Clematis ist bei uns eine der bekanntesten und beliebtesten Gartenpflanzen. Wer Clematis sagt, denkt an eine Pergola mit einem Geflecht aus Kletterrosen und Clematis an einem warmen Sommerabend. Weniger bekannt ist, dass unter den vielen (ca. 200) Arten und Sorten auch Winterblüher sind – vielleicht weniger spektakulär, aber darum nicht weniger schön. Im Gegenteil: Ein Winterblüher hat den Vorteil, dass er den Erfolg nicht mit anderen blühenden Sträuchern und Stauden teilen muss.

Cornus ✳ Hartriegel

Bevor wir Seoul verließen, wollte ich noch eben auf den Markt gehen, den wir von unserem Hotelzimmer aus sehen konnten. Das Hotel hatte mehrere Stockwerke, was damals in der koreanischen Hauptstadt noch selten und ein Symbol für den Fortschritt war. Am Fuß des Gebäudes sahen wir eine lange Reihe von Ständen. Ich sah viele Lebensmittel, die ich nicht kannte. Aus riesigen steinernen Töpfen mit etwa 50 l Fassungsvermögen wurde eingemachtes Gemüse verkauft, eine Art Sauerkraut mit Knoblauch und

Pfeffer sowie kleinen Stücken Schweinefleisch oder Garnelen. Der Duft hing in der Luft.
Mein Mann wollte mich nicht begleiten und das war auch gut so. Ich hastete vorbei an Ständen mit toten Hunden und Schweinen und versuchte, die Bilder so schnell wie möglich aus meinem Gedächtnis zu verbannen, aber manchmal tauchen sie wieder auf. Dann finde ich unsere Haltung scheinheilig. Schlachten wir etwa keine Tiere? Es geht nichts über Hundeleder, es ist angenehm zu tragen und unverwüstlich. Ich habe jahrelang Gartenhandschuhe aus Hundeleder benutzt, die in China hergestellt worden waren.
Es war auf diesem Markt, dass ich einen Strauß Zweige des *Cornus officinalis* kaufte, voll mit Beeren. Es ist uns leider nicht gelungen, diese Hartriegelart in freier Natur zu sehen, weder in Korea noch in Japan. Wir haben nur die Früchte des Hartriegels, den ich auf dem Markt gekauft hatte, aufbewahrt, um sie auszusäen, und die anderen haben wir auf der Tauschliste im Arboretum Kalmthout angeboten. Drei Exemplare wurden im Hemelrijk Essen gepflanzt und einer übertrifft *Cornus mas*, die gelbe einheimische Kornelkirsche, in jeglicher Hinsicht. Beide Arten bieten den Bienen ein Festmahl. Wir haben Pfropfreiser der besten Pflanzen in verschiedene Botanische Gärten und Arboreta geschickt. Von Siebold führte 1860 *Cornus officinalis* in Europa ein. In jener Zeit war *Cornus mas* der einzige Strauch oder Baum, der schon im März mit kleinen

gelben Blüten blühte und einen aromatischen Duft verströmte. In der Türkei (Anatolien), auf dem Balkan und in Zentralasien hat er einen guten Ruf. Die Menschen treffen sich im Hartriegelwald, sitzen unter den Bäumen, picknicken und trinken mit Freunden Pfefferminztee. Dieses Fest findet im Frühling statt, wenn die Bäume blühen, und später im Jahr noch einmal, wenn sie Früchte tragen. Auch der Orientalische Amberbaum *Liquidambar orientalis* wird aufgrund seines Duftes mit einem Besuch geehrt. In den Niederlanden sagt man von jemandem mit guter Gesundheit, er sei so stark wie Hartriegel. Das Holz ist tatsächlich so hart wie Horn (daher *Cornus*) und unverwüstlich.
Für Vögel ist Hartriegel ebenso nützlich wie Weißdorn und Alpenjohannisbeere. Er ist besonders geeignet für gemischte Hecken. In Russland und der Türkei hat man Sorten mit Früchten gezüchtet, die viermal so groß sind. Ich merke, dass sie seit kurzer Zeit in Kataloge aufgenommen und allmählich kultiviert werden. In Nordeuropa und England wählt man sonnige Plätze. Besonders schön in Gärten sind Kombinationen von gelber Kornelkirsche (*Cornus mas*) mit Goldglöckchen (*Forsythia*), Salweide (*Salix caprea*), Scheinhasel (*Corylopsis*) und Rot-Ahorn (*Acer rubrum*) vor einem Hintergrund aus wintergrünen Bäumen.
Botanisch betrachtet sind beide, *C. mas* und *C. officinalis*, so eng verwandt, dass man sie als eine Art betrachten kann, aber angesichts der Tatsache, dass sie weit entfernt voneinander vorkommen – der eine in Süd- und Osteuropa, der andere im Fernen Osten – belässt man es bei zwei Arten. Sie sind nicht oder kaum voneinander zu unterscheiden, nicht an den Blüten und nicht an den Früchten – beides doch wichtige botanische Merkmale. Die Behaarung oder deren Fehlen an den jungen Blättern und die Tatsache, dass sie ihren Ursprung Tausende von Kilometern entfernt voneinander haben, sind Merkmale, die mich nicht davon überzeugen, dass man sie als zwei Arten ansehen sollte. Wie auch immer, mir sind sie beide lieb.

Links *Corylopsis,* Scheinhasel

Corylopsis ❄ Scheinhasel

Als ich mit der Gärtnerei begann, war mir die Pflanzenfamilie *Corylopsis* so gut wie unbekannt. Bis ich bei unseren Freunden Amanda und Arthur Grumiaux in Sint-Genesius-Rode (Belgien) eine breite *Corylopsis pauciflora* sah – mit einem Durchmesser von 7 m! Die Scheinhasel stand hier an idealer Stelle, geschützt vor Nord- und Ostwind und zu Füßen einiger Bäume, die sie vor den frühen Sonnenstrahlen im Winter schützen. Die Pflanze hatte mein Herz erobert und wir zögerten nicht, verschiedene *Corylopsis*-Arten zu bestellen, erst für das Arboretum Kalmthout, dann für das Hemelrijk Essen. Wir haben uns sehr um die Jungpflanzen bemüht, aber nicht immer erfolgreich. In unserem Klima müssen wir mit spätem Frost rechnen, wodurch die zarten Blätter, vor allem die der Jungpflanzen, die dem Erdboden nahe sind, erfrieren und verschrumpeln.
Aber es zeigt sich – wie auch bei einigen anderen Pflanzen (beispielsweise *Cercidiphyllum*) – ein sonderbares Phänomen: Ein Teil der Blätter wird geopfert, damit der Teil der Pflanze, der unbeschädigt geblieben ist, überlebt und mit jungen Blättern ausschlägt. Das geschieht sehr unregelmäßig, Zweig für Zweig: Der eine Zweig hat nicht unter dem Frost gelitten, während der nächste kahl ist. Wenn die Pflanze nicht an geeigneter Stelle steht, kann es passieren, dass sie ihre jungen Blätter nicht retten kann und der junge oder gerade verpflanzte Strauch eingeht.
Dazu kommt, dass aus kommerziellen Gründen die Jungpflanzen in Gewächshäusern vorgezogen werden und auf den Markt kommen, wenn sie anfangen zu blühen oder in voller Blüte stehen. In diesem Stadium

sind die Pflanzen besonders empfindlich, aber die Gärtner sind sich dessen nicht bewusst.
Wenn die Pflanze ausgewachsen ist, ist sie besser gegen die Kälte gewappnet. Es gibt sicher in jedem Garten einen geeigneten Platz für eine Scheinhasel, und wenn es nicht anders geht, gibt es die Möglichkeit, sie als Spalierbaum anzupflanzen, wo sie den Schutz einer Mauer oder eines Gebäudes genießt. Alle Arten außer *C. spicata* und *C. pauciflora* eignen sich dafür.
Im Hemelrijk habe ich Scheinhaseln an verschiedenen Orten gepflanzt: am höchsten Punkt des Anwesens und an einer Stelle unter hohen Eichen. Ich merke jetzt schon, dass sie zu dicht beieinander stehen oder zu nahe an anderen großen Sträuchern. Wie groß werden sie? Einige sind jetzt schon 5 m hoch und mindestens ebenso breit und damit ist noch nicht Schluss.
Im Botanischen Garten von Vancouver (Kanada) sah mein Sohn Danny eine Scheinhasel, die 8 m hoch war. Über Samenlisten habe ich Samen bekommen, die ich in einem Kasten im Gewächshaus ausgesät habe. Schon im ersten Frühjahr gab es Keimlinge, was für hamamelisartige Pflanzen ungewöhnlich ist. Säen funktioniert also gut, aber man sieht nie spontane Sämlinge. Wo sind die Samen geblieben? Aufgefressen? Von wem? Die Sämlinge zeigen deutliche Unterschiede. Aufgrund dieser Unterschiede ist sie eine viel versprechende Pflanze für die Zucht. Ich habe 200 Samen behalten. Ich bin von den Ergebnissen sehr angetan und erwarte viel. Einer der neuen Sämlinge hat eine rote Herbstfarbe und aus Japan bekamen wir eine goldgelbe Art! Im Licht der tief stehenden Sonne sind Scheinhaseln zauberhaft schön. Ende Februar, einige Minuten vor Sonnenuntergang, ist es eine flüchtige Schönheit. Die letzten Sonnenstrahlen bringen die zartgelben Blütentrauben zum Leuchten. Es ist ein intensives Erlebnis, ein atemberaubender Moment. Und damit habe ich noch nichts über den feinen Duft gesagt! Die Scheinhasel blüht nach den Zaubernüssen und vor und gleichzeitig mit den Forsythien. Aber wenn Sie mich fragen: Sie ist viel eleganter als die Forsythie und farblich viel zarter.
Auch wenn die Scheinhasel nicht blüht, ist sie eine dekorative Pflanze. Das Blatt ist mit einer dünnen Wachsschicht überzogen, sodass Wassertropfen wie Perlen darauf liegen bleiben. Die jungen Blätter sind rosarot, die Stiele rotbraun. Auffällig sind die Knospen in den Achseln und der Zickzackwuchs der Zweige. Vor allem *C. spicata* ist daran schon von weitem zu erkennen. Die Sträucher wachsen vor allem in die

Links *Corylopsis spicata,* Scheinhasel mit roten Staubgefäßen

Breite – fächerförmig, vasenförmig oder mit zierlich herunterhängenden Zweigen.
Corylopsis ist in Gesellschaft anderer Sträucher mit gelben Blüten sehr attraktiv. So sah ich eine ideale Kombination an den Hängen des Fudschijama: eine Palette aus Gelbtönen. Am Waldrand an den Nordhängen wachsen zusammen mit *Corylopsis spicata: Alnus maximowiczii* (Maximowicz-Erle), *Kerria japonica* (Japanisches Goldröschen), *Stachyurus praecox* (Japanischer Perlschweif), *Forsythia suspensa* (Hänge-Forsythie) und *Lindera obtusiloba* (Fieberstrauch). Auch zu *Cornus mas* (Kornelkirsche), *C. officinalis* (Japanische Kornelkirsche) und Mahonien scheint mir die Scheinhasel zu passen. Aufgrund ihrer besonderen Eigenschaften verdient sie eigentlich größere Bekanntheit bei Gartenliebhabern. Vielleicht hilft es, wenn wir hier ergänzen, dass sie besonders geeignet ist, um Zweige für einen Winterstrauß zu schneiden.
Es gibt verschiedene *Corylopsis*-Arten. Es ist sehr schwierig, die verschiedenen Arten auseinander zu halten. Fachleute und Botaniker sind sich darin einig. Aus Samen vermehrt, gibt es innerhalb einer Art verschiedene Sorten. Die Anzahl Blüten pro Ähre, die Farbe und Form der verschiedenen Blüten, die Behaarung der Brakteen, der Zeitpunkt der Blüte, der Duft – all das kann variieren. Wie auch immer, *Corylopsis spicata* und *C. pauciflora* sind zwei Arten, die gerne in Gärten gepflanzt werden.
Corylopsis spicata wurde im Arboretum Kalmthout etwa 1960 eingeführt. Heutzutage sind es weit verzweigte, breit gewachsene Sträucher mit kräftigen Ästen und Zweigen in Zickzackform. Nach milden Wintern (beispielsweise 1999/2000) ist die Blüte überwältigend, und zwar zu dem Zeitpunkt, wenn die letzten Zaubernüsse noch blühen. Die Blütenähren hängen herunter und duften bezaubernd.
Corylopsis pauciflora ist eine niedrigere Pflanze, sehr fein verzweigt und reich blühend mit hellgelben kurzen Ähren, auf den ersten Blick geeignet für kleinere Gärten, aber mit der Zeit wird sie ein sehr breiter Strauch. Indem man Zweige für Wintersträuße schneidet, kann man sie im Zaum halten. Diese Art soll winterhärter sein als andere, doch ist Vorsicht geboten. Wenn die Jungpflanzen aus dem Gewächshaus nach draußen gepflanzt werden, können sie erfrieren.
Corylopsis willmotiae wurde wie alle anderen Arten (außer *C. spicata*) zu Anfang des 20. Jahrhunderts in Europa eingeführt. Der Pflanzensammler Wilson und die Baumschule Veitch haben diesen Strauch bekannt gemacht. Er ist höher als die anderen Arten und vasenförmig. Bei *C. veitchiana* fallen die roten Staubgefäße dadurch auf, dass die Blüten kürzere Blütenblätter haben. Die Sorte 'Spring Purple' hat einen Purpurschimmer in den Blättern.
C. wilsonii wird 3–6 m hoch. In neueren Spezial-Katalogen werden noch andere Arten angeboten: *C. glabrescens* var. *gotoana, C. glandulosa* var. *hypoglauca, C. sinensis* var. *calvescens* und *C. platypetala*. Ich säe weiter Scheinhaseln. Ich weiß nicht, wie lange es dauert, bis sie ausgewachsen sind – hoffentlich kürzer als bei den Zaubernüssen, ihren nächsten Verwandten, die 25 Jahre brauchen.

CORYLUS ❄ HASEL

Hasel und Efeu sind die einzigen einheimischen Pflanzen, die uns durch ihre Existenz das Gefühl geben, es gäbe keinen Winter. Efeu blüht zu Beginn des Winters, die Hasel am Ende. Die gewöhnliche Hasel, *Corylus avellana*, und die Baum-Hasel, *C. colurna*, blühen schon im Januar, manchmal sogar noch vor Weihnachten, während die amerikanische Art, *C. americana*, noch Winterschlaf hält. *Corylus sieboldiana* und *C. s.* var. *mandshurica* werden langsam wach, aber nach etwa zehn Tagen mit milden Temperaturen ist das Gelb der Kätzchen deutlich zu sehen.

Die Kätzchen, die die Hasel so anmutig und beliebt machen, sind die männlichen Blütenstände. Die weiblichen Blüten sitzen an derselben Pflanze, sind aber sehr bescheiden. Sie sind nicht größer als Getreidekörner. Aus einer roten geschwollenen Knospe schauen ebenso rote Narben hervor. Die männlichen Kätzchen wachsen zu Schweifen heran, die sich je nach Art unterscheiden. Allerdings sind alle bezaubernd. An den kahlen Zweigen machen sie sich gut in der Wintersonne. Wenn der Winter nicht allzu streng ist, blühen Hasel und Erle gleichzeitig. Ihre Kätzchen sind gut zu unterscheiden. Die Hasel hat lange hellgelbe Kätzchen, die Erle kürzere hellbraune.

Wenn die Bäume mit Kätzchen – Weide, Erle, Hasel – zu früh blühen, kommt es vor, dass die Kätzchen erfrieren. Sie sind sehr empfindlich gegenüber Temperaturschwankungen. Das ist allerdings bei jeder individuellen Pflanze ein wenig anders.

Die seltene Trauerhasel 'Pendula' und die beliebte Korkenzieherhasel 'Contorta' sind Gartensorten von *C. avellana*. Letztere sieht man häufig als Strauch im Vorgarten. Alles an dieser Art ist korkenzieherartig:

Links *Corylus colurna,* Baumhasel
Rechts *Daphne blagayana,* Königs-Seidelbast

die Äste, die Zweige, sogar die Blätter. Nur die Kätzchen hängen makellos senkrecht hinunter. Ein an der Basis veredeltes Exemplar ist sehr apart.

Daphne ❊ Seidelbast

„An einem Wintertag schlief der Mönch Lu Shan zu Füßen eines Felsen. In seinem Traum wurde er in eine Wolke von betörendem Duft gehüllt. Als er erwachte, ging er auf die Suche nach der Pflanze, die diesen Duft ausströmte. Er fand einen blühenden, wohlriechenden Strauch und nannte ihn Shui Hsiang, Schlafenden Duft.“ Das erzählt eine chinesische Legende über *Daphne odora*.

Daphne mezereum, Seidelbast

Der Duft des Seidelbastes hat etwas Geheimnisvolles, sogar etwas Giftiges, ist aber vielleicht gerade darum so verführerisch. Er ist nur eine der starken Seiten dieser Pflanze. Durch ihr großes Anpassungsvermögen kommt sie in ganz Eurasien mit etwa 70 Arten vor. Einige lieben kalkhaltige, andere saure Böden. Sie behalten die Blätter oder verlieren sie, je nachdem, wo bzw. wie hoch ihr Verbreitungsgebiet liegt. Es gibt Seidelbast-Arten, die im Herbst blühen, andere im Frühling. Die Blüten wachsen an den Zweigenden, verteilen sich über den ganzen Zweig oder sitzen in den Blattachseln. Ihre Farbe ist weiß, gelb, grün, rosa, violett oder lavendelblau (*D. bholua*). Eine große Auswahl also und dennoch ist dieser kleinere Strauch in der Gartenwelt relativ unbekannt geblieben. Dafür gibt es sicherlich Gründe, die aber oftmals auch überbewertet werden.
Der Seidelbast hat nämlich auch weniger sympathische Merkmale. Er ist eine aromatische, aber auch giftige Pflanze. Vor allem die Beeren und die Rinde sind giftig. Wenn es in der Umgebung Kinder gibt, sollte man die Beeren entfernen, bevor sie reifen, auch wenn sie durch ihren scharfen Geschmack abschrecken und Vergiftungsfälle eher unbekannt sind. Ein anderer Minuspunkt ist, dass der Seidelbast virenanfällig ist, weshalb Gärtnereien davor zurückschrecken, ihn zu kultivieren. Außerdem ist er sehr kurzlebig. Und dennoch verdient er einen Platz in jedem Garten, wie klein dieser auch sein mag. Ein Seidelbast wächst niemandem über den Kopf. Er bleibt ein kleiner Strauch.
Die bekannteste Art bei uns ist *Daphne mezereum*, der heimische Seidelbast. Ich kenne diesen Strauch schon seit meiner Kindheit. Der Duft ist sehr würzig und auch die giftigen Beeren schmecken nach Pfeffer. *Mezereum* bedeutet wörtlich übersetzt „tödlich“. Es gibt auf Niederländisch einen Volksnamen „Miserieboompje – Elendsbäumchen“ – und es ist wirklich ein

Elend, wenn der Strauch von einem Virus befallen ist. Und das passiert leider relativ häufig.
Wir hatten im Garten eine ausgewachsene Pflanze mit einem Durchmesser von etwa 1 m und dunklen Blüten. Ein Passant konnte offensichtlich der Versuchung nicht widerstehen und hat sie herausgezogen. Später haben wir *D. mezereum* 'Alba' zwischen *Pieris japonica* var. *yakushimensis* gepflanzt, eine sehr gelungene Kombination. Sogar die Düfte, die sich sehr unterscheiden, passen gut zueinander.
Der rote Seidelbast ist im Handel leicht zu finden. Er wird aus Samen vermehrt. Angesichts der kurzen Lebensdauer trifft sich das gut. Es ist wichtig, immer Jungpflanzen vorrätig zu haben. Der weiße Seidelbast, *D. mezereum* 'Alba', hat Blüten dicht an den Zweigen, mit einem Büschel Blätter an den Enden, ebenso wie die Art, aber mit weißen Blüten und gelben Beeren. Ansonsten sind auch hier alle Pflanzenteile giftig, er duftet aber sehr schön, ist leicht auszusäen und sortenecht.
Daphne blagayana ist ein kriechender Strauch mit elfenbeinfarbigen Blüten im März / April und sehr wohlriechend. Er ist ein hervorragender Bodendecker für humusreichen Boden und kommt in der Natur in den Wäldern der Serbischen Fichten (*Picea omorika*) in Bosnien vor. An den Nordhängen des Taragebirges bewunderten wir 1963 die Spitzen der schlanken Fichten. Sie waren gut 30–35 m hoch und an den Spitzen beladen mit kleinen Zapfen. Wir waren so fasziniert von diesen prächtigen Bäumen, dass wir nicht sahen, wo wir liefen, nämlich auf einem Teppich aus Seidelbast. Warum hatten wir nur keine Flügel? Was sollten wir mehr bewundern: die Fichten oder den Seidelbast zu unseren Füßen, der hier das Reich für sich alleine hatte? In Slowenien kommt diese Art auch in Gärten vor. Wenn man die kalkmeidende Pflanze im Schatten oder an der Nordseite eines Gebäudes in Ruhe lässt, wird sie in Gesellschaft eines Efeus, der die jungen Triebe des Seidelbastes am Boden hält, gut gedeihen. Wer keinen Efeu mag, sollte Steine auf die jungen Triebe legen, sodass sie schneller wurzeln. Diese Schattenpflanze blüht mit elfenbeinfarbigen Blüten und ist ebenfalls sehr wohlriechend.
Daphne bholua kann in Gärten von der Atlantikküste bis an die Loire, in der Südschweiz und Norditalien gedeihen. Aus der Rinde wird kostbares und langlebiges Papier gemacht. Insekten lassen die Pflanze und auch das Papier, das daraus hergestellt wird, in Ruhe. Aufgrund ihres schlechten Geschmacks? Um dem Seidelbast etwas Gutes zu tun, gebe ich ihm jeden Winter eine Portion Asche. Ich möchte nicht auf ihn verzichten. *D. bholua* ist eine dünn verzweigte Pflanze mit lanvendelfarbigen röhrenförmigen Blüten am kahlen Holz und einem herrlichen Duft. Diese Art wird nicht häufig kultiviert. In Lugano bei Sir Smithers sät sie sich spontan aus. In der Normandie bei Hélène d'Angleau und bei Roy Lancaster in England habe ich gesehen, dass diese Art ohne Probleme wächst. In Stadtgärten und in einem milden atlantischen Klima ist das möglich, auch wenn sie einige Pflege braucht, wie auch die Sorte 'Gurkha', die in dem Ruf steht, winterhärter zu sein. 'Jacqueline Postill' passt gut in einen sonnigen Vorgarten. Pflanzensammler können im Ursprungsland (Bhutan, Assam) in höher liegenden Gebieten Samen sammeln, um härtere Pflanzen zu züchten. Die Pflanze wurde erst kürzlich in Europa eingeführt.
Nur in Gärten, wo es nicht friert, und in geschützten Stadtgärten kann der Seidelbast gedeihen. In Deutschland kultiviert man ihn in Töpfen. Für diese außergewöhnliche Pflanze lohnt es die Mühe, sie bei Frost hereinzuholen. Letztes Jahr sah ich *D. bholua* in Kyoto. Es waren 2 m hohe Sträucher mit lila oder rosa Blüten. Eine Pflanze mit rein weißen Blüten am Eingang eines alten Hauses beeindruckte mich tief. Diese Art kommt aus China, wird aber in Japan als der perfekte wintergrüne Strauch angesehen. Es gibt einige Kultursorten, die winterhärter sind. In London blühen sie von September bis ins Frühjahr hinein.

Daphne laureola ist ein kompakter, immergrüner Strauch (1,20 m hoch), der im Februar / März mit gelbgrünen bescheidenen Blüten in sitzenden Trauben blüht, er duftet aber eigenartigerweise nicht. Die Beeren sind blauschwarz und giftig. Auf Englisch heißt er „spurge laurel" – „Wolfsmilch-Lorbeer". Treffender kann man es nicht sagen.
In den vergangenen Jahren wurden in England neue Sorten gezüchtet, aber keine dieser wertvollen Kreuzungen blüht in den Wintermonaten.

ELAEAGNUS ✳ ÖLWEIDE

Die Ölweide *Elaeagnus* x *ebbingei* ist ein großer, immergrüner Strauch, der mit seinen lederartigen Blättern auffällt, die in der Sonne silbergrün, im Schatten dunkelgrün sind. Die Blätter haben eine Wachsschicht als Schutz gegen Verdunstung bei Trockenheit. Die Ölweide ist eine Kreuzung aus zwei Arten aus dem Fernen Osten, *Elaeagnus pungens* x *E. macrophylla*, die 1927 in den Niederlanden zustande kam. Sie blüht um den 15. November mit bescheidenen Blüten, manchmal auch schon im Oktober. Sie scheinen zu leuchten und haben einen feinen Gewürznelkenduft. Silbrige Schuppen bedecken nicht nur die Blätter, sondern auch die Zweige, die Knospen und vor allem die Früchte. Daher kommt der englische Name „Silverberry". Die Pflanze verträgt Schnitt und kann in Form geschnitten und als Hecke angepflanzt werden. Die Gefahr, dass sie erfriert, ist gering. Wenn sie nicht geschützt steht, kann es ab und zu geschehen, wenige Male in einem ganzen Jahrhundert. 'Gilt Edge' und 'Limelight' sind buntlaubige Sorten und weniger winterhart.
Die Art *Elaeagnus pungens*, die aus Japan stammt (von Siebold brachte sie 1830 in den Botanischen Garten von Gent) und von der mehrere Sorten bestehen, habe ich im Arboretum Kalmthout noch nie blühend oder mit

Früchten gesehen. Sie ist beinahe eine Kletterpflanze mit dünnen Zweigen, die 5 m lang werden können. Sie blüht hier an einem geschützten Ort oder in einem Stadtgarten im Oktober / November.

Erica ❄ Heide

In den vergangenen Jahren ist es still um die Heidegewächse geworden. In den siebziger Jahren war das anders. Damals waren Heidegärten in Mode. Im Arboretum Kalmthout wurden am Fuß alter Koniferen etwa 500 verschiedene Arten und Sorten angepflanzt. Davon ist nur wenig übrig geblieben. Nur die stärksten Arten und Sorten konnten sich durchsetzen und stehen nun etwas verloren zwischen neueren Pflanzen. Ich bin immer geneigt, solch tapferen Pflanzen zu gratulieren und sie zu ermuntern: Gebt nicht auf! An Pflanzentagen gibt es für Heidegewächse nur noch wenige Interessenten.

Und dennoch ist für bestimmte Orte im Garten Heide eine geeignete Lösung. Vor allem die Gesellschaft mit umgebendem Grün ist wichtig. Ich sehe beispielsweise Heide nicht direkt zwischen Schneeglöckchen und Scharbockskraut, wohl aber mit Lavendelheide und Seidelbast. Heidegewächse erinnern mich immer an eine Heidelandschaft, flach und baumlos.

Erica carnea ist im Gegensatz zu anderen *Erica*-Arten winterhart und blüht in den Wintermonaten. Diese Art wächst in freier Natur in den Alpen, in lichten Birken- und Kiefernwäldern oder am Waldrand. Auf Deutsch heißt sie Schneeheide, auf Niederländisch Winterheide. Die Pflanze ist im Winter tief unter dem Schnee verborgen, aber sobald es anfängt zu tauen, steckt sie ihre blühenden Köpfchen aus dem Schnee. Schon im Dezember besuchen Insekten die Schneeheide. Es ist unglaublich, wie schnell sie den ersten Nektar finden. Wenn es nicht zu kalt ist, blüht die Schneeheide schon zum Jahreswechsel. Das machen ihr nur wenige Pflanzen nach. Die Blüten erfrieren nicht. Sie schließen sich, wenn es friert, und öffnen sich wieder, wenn die Temperaturen steigen.

Links *Elaeagnus ebbingei* 'Limelight'
Oben *Erica* oder Heide

Von *Erica carnea* gibt es ellenlange Listen mit Sorten und Kreuzungen. Von den winterharten wählen wir: 'Winter Beauty', 'King George', 'Praecox Rubra', 'December Red', 'Springwood White' und 'Vivellii'. Etwas später blüht *Erica* x *darleyensis* mit 'Darley Dale', 'Silberschmelze' und 'Jenny Porter'. Wir empfehlen auch zwei spät blühende *Calluna-vulgaris*-Sorten: 'Battle of Arnhem' und 'Hibernica'.

Erica arborea, die Baum-Heide, ist ein Strauch – größer als andere Heidegewächse –, der am Winterende übersät ist mit Knospen, die nicht größer als Stecknadelköpfe sind, und danach mit kleinen weißen Blüten, die wie Honig duften. Die nadelförmigen dunkelgrünen Blätter bleiben im Winter an der Pflanze. Sie braucht einen sonnigen Standort. Im Arboretum Kalmthout wuchs 20 Jahre lang ein prächtiges Exemplar. Der Stamm war so dick, dass ich mir vorstellen konnte, aus dem Holz könnten Pfeifen gemacht werden mit schöner Maserung. Leider wurde ihm ein

Forsythia x *giraldiana,* früh und leuchtend gelb blühend

strenger Winter zum Verhängnis. Im Hemelrijk Essen steht an der Vorderseite des Hauses eine Baum-Heide mit gelben Blättern und weißen, duftenden Blüten in aufgerichteten Rispen.

Forsythia ❋ Goldglöckchen

Zweimal sah ich eine Forsythie in freier Natur blühen. An der Grenze zwischen Albanien und Mazedonien und in Korea auf dem Weg vom Flughafen nach Seoul. Die koreanische *Forsythia ovata* wächst zusammen mit dem sommergrünen *Rhododendron mucronulatum* als Unterwuchs in lichten Wäldern. Eine Kombination aus Hellgelb und leuchtendem Rosa, Farben, die in Gärten nicht schön wirken, wohl aber in der Natur. Die bekannte Gartensorte *For-*

sythia x *intermedia* 'Spectabilis' blüht im März / April knallgelb. Ab Februar, manchmal sogar noch früher, will die Forsythie blühen. Einige Zweige, in eine Vase gestellt, blühen schon nach einer Woche und bringen Freude in die trüben Wintertage. Forsythien sollte man besser nicht zurückschneiden, aber ausdünnen und verjüngen, wenn es nötig ist. Eine in Form geschnittene Forsythie ist eine regelrechte Katastrophe. Eine beschnittene Hecke ist – wenn überhaupt möglich – noch schlimmer.

Wer das grelle Gelb nicht mag, kann sich für *Forsythia suspensa* 'Nymans Variety' entscheiden. Sie wächst sehr schnell, hat 3–4 m lange Zweige und kann als Spalierpflanze an eine Nordmauer gesetzt werden. Die Blüten sind hellgelb und duften. Dieser Strauch harmoniert hervorragend mit anderen, in der gleichen Zeit blühenden kleinen Bäumen und Sträuchern: Scheinhasel, Hartriegel, Hasel ...

Es gibt acht Arten und 40 Sorten der Forsythie. Die Unterschiede sind nur minimal. In der Versuchsanstalt von Angers kultiviert man eine Zahl von Sorten, die schon im Handel sind. 'Minigold' ist ein Zwergform für kleinere Gärten. Eine weiße Forsythie gibt es bis jetzt allerdings noch nicht. *Abeliophyllum*, ein anderes Ölbaumgewächs, kann als weiße Forsythie durchgehen und wird auch so genannt. Letztere wird allmählich in kleineren Gärten beliebt.

Die Forsythie ist sicher ein wertvoller Frühblüher, wenn wir nicht allzu verschwenderisch mit ihr umgehen. Manchmal hat es den Anschein, als sei sie die einzige Lösung, um Farbe in einen schlafenden Garten zu bringen. Nichts ist weniger wahr!

Garrya ❋ Becherkätzchen

Wer würde nicht befremdet schauen bei diesem Strauch mit seinen langen männlichen Kätzchen, *Garrya elliptica*. Sie ähneln Schnüren aus silbergrünen Perlen, die wunderbar zur Unterseite der wintergrünen Blätter passen. Weibliche Pflanzen sieht man nur selten. Die Blätter haben obendrein einen welligen Rand wie mit der Hand gesäumter feiner Stoff. In Kalifornien (USA), wo sie wild vorkommt, ist die Pflanze als „Wavyleaf Silktassel" bekannt – „Seidenkätzchen mit welligem Blatt".

Die *Garrya* kann ein großer Strauch werden, wenn sie an geeigneter Stelle wächst, sonnig und gegen kalte Winde geschützt. Sie begnügt sich mit kargem Boden und wenig Wasser. Ein frei gewordener Platz zwischen anderen Sträuchern ist für sie ideal. Auf dem Innenhof eines Schlosses bei Paris wurde von unserer ehemaligen Praktikantin Alix de Saint Venant ein Becherkätzchen gepflanzt. Es gedeiht dort prächtig, ist mehr ein Baum als ein Strauch und hat meterlange Zweige.

Das Becherkätzchen wird bei Rein und Mark Bulk (Boskoop, Niederlande) kultiviert. Die Mutterpflanzen haben so viele junge Triebe, dass jedes Jahr vermehrt werden kann. Es gibt zwei Arten von *Garrya: Garrya elliptica* und *G. fremontii* sowie mehrere Sorten, die gut gedeihen, beispielsweise 'James Roof'. Beim Kauf kleinerer Exemplare tut man gut daran, sie in einem Topf auf einer Veranda oder in einem ungeheizten Wintergarten überwintern zu lassen. Im Februar müssen sie vor der frühen Sonne, die die zarten Blätter versengt, geschützt werden. Trotz meiner guten Pflege hat es die Pflanze in meinem Garten nach zwei Jahren aufgegeben, da sie zu feucht stand. Jetzt will ich es mit einer Hybride versuchen, die von einem Freund an der irischen Küste gezüchtet wurde. Diese Sorte 'Pat Ballard' hat sehr lange Kätzchen. Ich werde sie mit all meiner Liebe umhegen. Bisher gedeiht sie gut. Ein blühendes Becherkätzchen mitten im Winter ist ein Erlebnis, das ich jedem Gärtner nur wünschen kann.

Hamamelis ✻ Zaubernuss

Einführung

Auch wenn mein Garten nur Handtuchgröße hätte und obwohl ich weiß, dass die Zaubernuss gerne viel Platz hat, könnte ich der Versuchung nicht widerstehen, eine anzupflanzen. Meine Wahl fiele auf eine Zaubernuss mit hellgelben Blüten, *H. mollis* 'Pallida' oder *H. japonica* 'Canary Yellow' zum Beispiel. Ich würde dafür sorgen, dass ein eleganter Weg angelegt würde, sodass ich den schönen Duft genießen könnte, wenn ich in den Garten ginge. Zu ihren Füßen pflanzte ich kleinere Sträucher, *Mahonia* und *Sarcococca*, und davor für jede Jahreszeit etwas Charmantes: Schneeglöckchen für die Wintermonate, rosa Winter-Portulak für den Frühling und Sommer und Alpenveilchen für den Herbst. Ich würde eine Italienische Waldrebe *Clematis viticella* hineinklettern lassen, die sehr zart bleibt, aber im Sommer die Zaubernuss mit nicht zu auffälligen Blüten auffrischt. Ich würde sie an eine Stelle pflanzen, wo ich sie bewundern kann, wenn ich aus dem Fenster schaue – vor dunklen Koniferen oder dem hellen Winterhimmel.

Eine Hamamelis für jeden Garten

Wie groß und wie breit?

In Zeitschriften und Magazinen werden oft verwirrende Informationen über den Wuchs von Zaubernüssen gegeben. Die Fotos, die den Lesern bei ihrer Wahl helfen sollen, zeigen Jungpflanzen. Wenn sie heranwachsen, bleibt von der geraden und schmalen V-Form, die den Jungpflanzen eigen ist, wenig übrig. Die Pflanzen entwickeln sich ganz anders als beschrieben. Wenn sie ausgewachsen sind, haben sie überhängende und ausladende Zweige, steil emporragend oder

hängend bis fast kriechend. So wächst beispielsweise *Hamamelis mollis* sehr träge und die ausgewachsene Pflanze bleibt kleiner als *H.* x *intermedia*. Die amerikanischen Arten, *H. virginiana* und *H. vernalis*, sind nach 40 Jahren breiter als hoch. Die Krone einer *H.* x *intermedia* kann einen Durchmesser von 8 m und eine Höhe von 8–9 m erreichen. In der Literatur werden maximal 4–5 m angegeben. Von Natur aus hat eine Zaubernuss einen breiten Habitus, aber um den Wünschen der Gärtner mit kleineren Gärten entgegenzukommen, werden auch vasenförmige Arten angeboten: eine kleinere Form von 'Pallida', 'Angelly', 'Harry' und 'George'. Im Hemelrijk Essen steht eine viel versprechende *Intermedia*-Zwergform, ein *Vernalis*-Typ, der aus Hadlow College kommt und noch keinen Namen hat (1999). Im Arboretum Kalmthout steht eine Hängeform von *H. virginiana* und eine fast kriechende Form von *H. vernalis* 'Lombarts Weeping'. Allerdings sind diese abweichenden Formen Ausnahmen und der natürliche Wuchs reizt mich am ehesten, unter dem Blätterdach hoher Bäume oder an einem Waldrand in frischem, humusreichen, aber kalkarmem Boden. Es ist nicht sinnvoll, die Pflanze durch Beschneiden klein zu halten oder zu modellieren, da die Wunden schlecht verheilen. Eine verwundete Zaubernuss ist nicht zum Aushalten! Gärtner, die Ordnung lieben, mögen sich über die sich kreuzenden Zweige ärgern, die den ausgewachsenen und älteren Pflanzen jedoch Charakter und einen besonderen Charme verleihen. Eine Zaubernuss zu verpflanzen ist keine einfache Aufgabe, aber möglich, wenn es mit der nötigen Sorgfalt geschieht. Nach zwei Jahren Vorbereitung wurde im Arboretum Kalmthout die von Antoine Kort ausgewählten Pflanzen (2,5 m hoch) mit Erfolg verpflanzt.

Die Blüte. Wann und Wie?

Die Zaubernuss blüht am kahlen Holz, nachdem ihre Blätter abgefallen sind (mit Ausnahme von *H. virginiana*). Allerdings behalten Jungpflanzen im Winter oft einen Teil ihrer Blätter. Bei ausgewachsenen Pflanzen ist das eher selten der Fall. Wenn es geschieht, beeinträchtigt es für viele Gartenliebhaber den dekorativen Wert. Die zerknitterten welken Blätter bewirken, dass der Baum unordentlich aussieht. Andere wiederum finden, dass die Blätter die Blüten beschützen, und lieben den Kontrast: Winter und Frühling an ein und demselben Baum!
Hamamelis sind zu 100 Prozent winterhart. Die Blüten vertragen Temperaturen bis zu –10 °C, aber das ist bei jeder Pflanze unterschiedlich. Die Blüten entfalten ihre Blätter, wenn es milder wird, und rollen sie wieder zusammen, wenn es kälter wird – und das bis zu vier Mal. Dies ist eine Vorsichtsmaßnahme, um die Befruchtung sicherzustellen. Nicht nur die Blütenblätter erfrieren nicht, auch die Embryos und die Samen werden geschützt. Jede Pflanze kann im Winter – zwischen Mitte Dezember und Ende März – bis zu sechs Wochen blühen. Durch Unterschiede in ihrer Herkunft blühen nicht alle Zaubernüsse zur gleichen Zeit. Auch der Standort spielt eine Rolle. In England, wo das Klima milder ist, blühen sie eher als bei uns in Belgien; in Slowenien, wo Landklima herrscht, einen Monat später. Auf einer Höhe von 800 m, wo die Lichtintensität höher ist, werden die Blüten schneller angeregt, sich zu entfalten, als in den Tälern. In den chinesischen und japanischen Bergen blühen die wilden Arten im März und April. Bei den Zaubernüssen gibt es sowohl sehr früh ('Early Bird') als auch sehr spät ('Adieu') blühende Zuchtsorten, aber die meisten blühen im Januar / Februar. Die Farbe der Blüten reicht von hellstem Gelb über Orange und Rot bis Bordeaux (siehe Abschnitt „Arten und Sorten"). Die Länge der Blütenblätter variiert zwischen wenigen und 30 mm.

Hamamelis x *intermedia* 'Robert'

Je nachdem ob sie krausblättrig oder glatt sind, wirken die Blüten und der ganze Strauch unterschiedlich. Je flacher und länger die Blütenblätter, desto üppiger scheint er zu blühen, auf jeden Fall wirkt er farbenfroher. Auch die Art, wie sich die Blüten anordnen, ist ein Grund zur Beurteilung: dicht oder vereinzelt auf den Zweigen, gleichmäßig über die Pflanze verteilt, nur an den Zweigenden oder auch an den Knoten der dickeren Zweige. Aber immer in Büscheln von drei oder mehr Blüten – ein Merkmal, das der Gattung *Hamamelis* eigen ist.

Hamamelisduft

Der Duft der *Hamamelis* ist etwas Besonderes, er ist mit keinem anderen Duft zu vergleichen und schwierig zu beschreiben: delikat, frisch, kühl, leicht. Mir gefällt alles an dieser Pflanze, aber am meisten liebe ich diese aparten Düfte, die mir im Garten an einem Wintertag entgegenkommen, in vielen Nuancen, je nach Art oder Sorte, Standort oder Wetter. An milden Wintertagen hängt der Duft wie Wolken in der Luft oder parfümiert den ganzen Wald. Im Oktober / November, wenn die amerikanische *Hamamelis virginiana* blüht, können wir den Duft schon genießen. Die asiatischen Arten und Sorten blühen und duften intensiver, anders und später als *H. virginiana* (Januar / Februar). *H. molli*s duftet süß und schwer – wie tropische Früchte. *H. vernalis* duftet süß, aber würzig – das gefällt nicht jedem. Bean zufolge hat diese Art einen „pungent smell". Ich finde, er ist durchdringend, aber fein. *H. japonica* 'Zuccariniana' hat einen frischen Zitronenduft. Die *Intermedias* haben jede ihren eigenen Duft, eine Kombination aus süß, kühl, betäubend, erfrischend. Wenn es draußen sehr kalt ist, muss man den Duft aus der Nähe genießen, aber bei mildem Wetter mit einer Temperatur über Null hängt der Duft in der Luft.

Ich frage mich, wie so winzige Blüten so intensiv und so lange duften können. Sie tun offensichtlich alles, um im Winter die wenigen herumfliegenden Insekten anzulocken und die Bestäubung zu sichern. Jeder fährt gut damit: die Pflanzen, die Insekten und wir. Freunde, die mit uns an einem strahlenden Wintertag im Garten waren, sagten, sie seien „hamamelisiert" wieder gegangen. In solchen Augenblicken bin ich sehr glücklich.

Die Geschichte der Hamamelis

im Arboretum Kalmthout und Hemelrijk Essen

Wie alles begann

Nach meinem Studium der Agrarwissenschaften machte ich ein Praktikum in einer Gärtnerei in Elmshorn. Dort lernte ich die *Hamamelis* kennen, eine Pflanze, die mich mein ganzes Leben fesseln sollte. Schon damals interessierte ich mich für Winterblüher. In jener Zeit wurde die Zaubernuss nur sehr selten kultiviert. In Boskoop wurden Zaubernüsse durch Pfropfen vermehrt. Es war Januar 1954. Eines Abends kam eine Ladung Pflanzen aus Boskoop in der Gärtnerei an. Beim Abladen berührte ich etwas Weiches und Flaumiges. Es war eine blühende Zaubernuss. Sie erwärmte mir das Herz und gab mir Mut. Ich verbrachte die Nacht in meinem Zimmer und träumte von diesem wunderbaren Winterblüher. Seit dem Augenblick war mein Interesse an Winterblühern geweckt.

Sechs Monate später begegnete ich im Arboretum Kalmthout Georges und Robert de Belder. Robert wurde später mein Mann. Er zeigte mir später seine großen *Hamamelis*-Exemplare. Ich wollte sie so gerne blühen sehen. Und mein Wunsch ging in Erfüllung: Als wir von unserer Hochzeitsreise in mein Geburtsland Slowenien zurückkamen, standen sie in voller Blüte.

Ich lernte auch die anderen Zaubernüsse im Garten kennen. Die ehrwürdige *Hamamelis japonica* var. *arborea* mit niedrigen dicken Zweigen steht noch immer dort, fast genauso, wie wir sie vor 50 Jahren vorgefunden haben. Sie hat allerdings ihre Krone verloren und wächst jetzt in die Breite, etagenweise – wie die jahrhundertealten Eichen in England. Die *H. mollis* am Haus bekam Probleme, als unser Sohn Danny – damals zweieinhalb – ihr mit einer Säge zu Leibe ging, übrigens in bester Absicht. Ich war so entsetzt, dass

Danny sofort begriff, dass etwas falsch war, und ohne dass ich etwas sagen musste, legte er die Säge weg. Aber das Unglück war geschehen. Jahrelang traute sich Danny nicht, eine Säge anzufassen. Jetzt hat er eine Schwäche für alles, was mit Holz und Holzbearbeitung zu tun hat.

In der Abteilung, die der Züchter Charles van Geert sein „Arboretum" nannte, steht noch eine alte *H. mollis*. Sein Nachfolger Antoine Kort hat an dieser Stelle noch andere seltene Bäume gepflanzt, unter anderem eine Japanische Steineiche, *Quercus ilex* 'Phillyreaoides', und eine *Magnolia thomsoniana*, sodass die Zaubernuss keinen Platz hatte, um sich in die Breite zu entwickeln, um das Licht zu suchen.

Eines Tages wurde dieser Baum von einem Großmeister der japanischen Blumenbindekunst entdeckt. Er suchte Material für eine Ausstellung und wollte die ganze Pflanze mitnehmen. Ich stand da wie angewurzelt und musste diesen tollkühnen Plan vereiteln.

In seiner Nähe steht auch eine *H. jap.* 'Zuccariniana'. Sie blüht meistens etwas später. Die Blütenblätter sind gekräuselt und etwas nach außen gedreht, hellgelb und haben einen frischen Zitronenduft mit einem Hauch Pfeffer. Die Blüten sind gleichmäßig über die ganze Pflanze verteilt. Diese Pflanze hat einen ganz besonderen Charme. Wir haben daher auch mehrere Sämlinge daraus gezogen.

An der Hecke im Osten stand eine *H. jap.* var. *flavopurpurascens*, die in den fünfziger Jahren noch sehr vital war. Mein Mann Robert erzählte, dass Antoine Kort ihn auf diese Pflanze aufmerksam gemacht habe, es gäbe spontane Sämlinge, die er noch vor dem Zweiten Weltkrieg ausgewählt und eingeschlagen hätte. Wir gingen zum entsprechenden Ort an dem Haus, wo jetzt die Rundgänge beginnen, um sie zu suchen. Die Pflanzen waren sehr unterschiedlich und einige waren schöner als die alten Pflanzen im Garten. Diese 13 Exemplare waren, seitdem sie eingeschlagen worden waren, gut gewachsen und standen viel zu dicht beieinander. Antoine Kort hatte mit Bleistift eine Liste mit Notizen zu jedem Sämling aufgestellt und für einige hatte er sich sogar Namen ausgedacht. Erst 25 Jahre später haben wir dieses Papier wiedergefunden und entziffern können.

Wie es wuchs

Wir waren so begeistert von dem, was wir an *Hamamelis* im Garten gefunden hatten, dass wir tapfer Samen sammelten und Saatbeete anlegten. Zwei Jahre später waren sie enorm gekeimt. Sie verdrängten einander. Ich hatte nicht gedacht, dass sie so einfach keimen würden. Ich habe die Sämlinge pikiert. Es waren ungefähr 2500 Pflanzen. Glücklicherweise konnten wir sie 1961 in dem gerade erworbenen Anwesen Hemelrijk Essen auspflanzen und sie dort in ihrer Entwicklung verfolgen, da dort genügend Platz vorhanden war. Wenn man sie verpflanzt, braucht man etwa zehnmal so viel Platz wie vorher. Nach und nach haben wir die besten Exemplare an ihren endgültigen Standort auswachsen lassen. Die ehemalige *Hamamelis*-Versuchsfläche ist heutzutage ein großer Wald, ein farbiger und duftender Strauß mitten im Winter.

Und die Zukunft?

Für die Zucht braucht man viel Platz, aber auch Zeit, viel Zeit. Eine aus Samen gezogene *Hamamelis* kann erst nach 25 Jahren wirklich beurteilt werden. Die erste Blüte kann man nach etwa 10 Jahren erwarten. Die Reife wird nach 25 Jahren erreicht und an eine ernsthafte Benennung kann erst nach 40 Jahren Beobachtung gedacht werden. Auch die Veredelung muss sehr besonnen geschehen. Man kann nicht willkürlich Pfropfreiser von den Mutterpflanzen nehmen. Mit den ausgewachsenen Pflanzen muss sehr vorsichtig und schonend umgegangen werden. 1998/1999

Hamamelis, Zaubernuss

entdeckten wir noch fünf wertvolle Exemplare, die wir 'Ripe Corn', 'Robert', 'Frédérique', 'Georges' und 'Ginger Bread' nannten. Endet hier unsere Zucht? Vielleicht bis auf eine Ausnahme, eine hellgelbe 'Nine' und eine hübsche rote 'Agnes'? Oder eine klein bleibende Version für den Durchschnittsgarten? Vielleicht eine gute Baumform? Ich habe unbeschreiblich viel Freude daran gehabt, Saat anzuziehen und zu selektieren. Nur wer es jemals versucht hat, kann hier mitreden. Indem man neue Formen entwickelt, erhöht man seine Kreativität und nähert sich seinem Traum, den Grünraum, der uns noch bleibt, zu schmücken und zu bereichern.

Wie auch immer, andere Züchter haben zahlreiche Neuerungen in Umlauf gebracht, sodass die Auswahl jetzt sehr groß ist, wirklich für jeden Geschmack etwas. Wer sich eine Zaubernuss anschafft, muss ein wenig Geduld haben. Veredelte Exemplare und vor allem aus Samen gezogene Jungpflanzen haben keine Eile. Die Blüte fällt zu Beginn etwas spärlich aus. Aber mit jedem Jahr blühen sie voller und dann kann man sie noch sein ganzes Leben lang genießen.

Hamamelisarten und Sorten

HAMAMELIS VIRGINIANA
AMERIKANISCHE ZAUBERNUSS

Seit 1736 in Europa

Die *Hamamelis virginiana* kommt in freier Natur in einem großen Gebiet in Kanada und dem Osten der USA vor. Man sieht die Pflanze an Waldrändern, wo es feucht genug ist und wo der Boden sauer und sandig ist. An einem sonnigen Standort ist die Blüte voller als in leichtem Schatten. Sie ist ein kleiner Baum oder größerer Strauch, der bis zu 9 m groß werden kann. Soweit ich diese Art im Arboretum Kalmthout und Hemelrijk Essen beobachten konnte, variierten die gelben Blüten in Größe und Farbton. In der Natur sah ich sie nur vom Auto aus in den Appalachen, sodass ich über Details nichts sagen kann. Die Farbe ist hellgelb, manchmal mit einem Hauch orange oder rot. Erst seit kurzer Zeit beschäftigt man sich damit. Zurzeit wird in den USA im Morton Arboretum viel gezüchtet. Die Pflanze ist schließlich sehr wertvoll und verspricht für den Gartenbau viel. Sie war die erste Zaubernuss, die in Europa eingeführt wurde, bekam aber niemals die Aufmerksamkeit, die sie verdiente. Ich bin überzeugt, dass neue Sorten der amerikanischen Zaubernuss ebenso viel Erfolg haben werden wie ihre asiatischen Verwandten und die *Intermedia*-Sorten.

Im zentraleuropäischen Landklima kann es geschehen, dass die Blüte durch strengen Frost und Lichtmangel unterbrochen wird. Wenn es früh friert, kann man eine neue Blüte im Februar erwarten. Im Seeklima dauert die Blüte drei Monate, von September bis Mitte Dezember, erst mit noch grünen Blättern an den Zweigen, dann mit goldgelben Herbstblättern und schließlich an den kahlen Zweigen. Und alles übergossen mit einem delikaten Duft.

Es ist nicht zu verstehen, dass *H. virginiana* den verwandten Arten und *Intermedia*-Sorten unterlegen sein soll. Die Tatsache, dass sie zu Beginn des Winters blüht, kann doch kein Nachteil sein. Im Gegenteil. Wird sie benachteiligt, weil sie als Unterlage für die Kultursorten benutzt wird? Es kann passieren, dass das schwächere Pfropfreis von der Unterlage abgestoßen wird und die Unterlage Ausläufer ausbildet. Ist das der Grund? Oder ist es einfach, weil sie von den ostasiatischen Arten und den attraktiven *Intermedias* verdrängt wurde, die im richtigen Winter, nämlich im Januar / Februar, blühen?

Ein echter Nachteil könnte sein, dass *H. virginiana* zu groß und vor allem zu breit wird. Auch daran wird bei der Zucht gedacht. Von Chris Lane bekamen wir eine kompakte Pflanze aus einer amerikanischen Auswahl. Dies könnte der Beginn kleinerer Pflanzen sein. Sie sind auf Zwergunterlagen veredelt und dadurch in ihrem Wuchs gehemmt. Es ist noch viel Leidenschaft und Geduld nötig, um dies zu realisieren – wenn es überhaupt realisierbar ist. *Hamamelis virginiana* var. *macrophylla* blüht im Dezember / Januar mit sehr kleinen Blüten. Sie scheint weniger dekorativ zu sein und ist im Handel nicht erhältlich.

In einem Waldgarten ist die amerikanische Zaubernuss zusammen mit Zimterle (*Clethra*) die ideale Pflanze unter Eichen. In Parks machte sie sich gut in der Gesellschaft von Amberbaum (*Liquidambar*) oder Tupelobaum (*Nyssa*): grelle Herbstfarben der großen Bäume und darunter das zarte Gelb der Zaubernuss!

HAMAMELIS JAPONICA

Seit 1859 in Europa

Hamamelis japonica wurde 1859 durch von Siebold eingeführt. Im Arboretum Kalmthout steht ein ehrwürdiges Exemplar. Die Krone starb mit der Zeit ab, aber ihre niedrigen Zweige wachsen beinahe horizontal in einem Kreis von etwa 7 m Durchmesser. Der dicke Stamm und die verbogene Gestalt verraten ihr hohes Alter. Sie blüht im Januar / Februar sehr üppig in schwefelgelben Blüten, die einen angenehmen, wenngleich schwachen Duft verströmen. Die Blütenblätter sind sehr komplex in Gestalt und schwer zu beschreiben. Sie winden sich in vielen „Kurven“:

1. Die Enden sind gekräuselt oder leicht gebogen.
2. Sie sind wie bei einem Gewinde leicht gedreht.
3. In der Länge sind sie nach innen gerollt, sodass sie sich etwas wölben.
4. Die Ränder haben kleine Beulen und kleine Falten.
5. Bei ‘Glowing Amber’ (*H. jap.* x *intermedia*) ist außerdem das Ende des Kronblattes wie bei einem Löffel etwas verbreitert und beinahe farblos.

Die Blüten der japanischen Zaubernuss sehen zerknittert aus und werden weniger geschätzt als die Arten mit breiten, flachen Blütenblättern, deren Blüten dadurch mehr Volumen erhalten und mehr ins Auge fallen.
Die Sorte ‘Arborea’ wächst zu einem kleinen Baum und eine andere Sorte ‘Flavopurpurascens’ hat etwas Rot in ihren Blütenblättern, das allerdings nicht mit den vor kurzem gezüchteten roten Zaubernüssen zu vergleichen ist. Die Sorte ‘Zuccariniana’ hat ebenso wie die Art ausgesprochen zitronengelbe Blüten, die über die ganze Pflanze verteilt sind, blüht aber zwei bis drei Wochen später. Ich habe eine Schwäche für ‘Canary Yellow’, eine besonders frische Erscheinung.

Hamamelis mollis

Seit 1879 in Europa

Von den in freier Natur vorkommenden Arten ist *Hamamelis mollis* in der Gartenwelt die bekannteste und beliebteste. Im Jahre 1918 bekam die Pflanze einen Award of Garden Merit und 1922 ein First Class Certificate, beides Auszeichnungen der RHS. Was macht diese Pflanze so beliebt? In erster Linie ihre Blüten. Sie sind groß und rein gelb, entfalten sich im tiefen Winter und blühen sehr lange. Auch die Winterhärte lässt Gartenliebhaber diese Art wählen.
Hamamelis mollis kommt ursprünglich aus China. In der Natur kann man im Hinblick auf Blätter, Blüten und Blütezeit verschiedene Exemplare sehen. Gibt es in der Natur Pflanzen, die hellgelb blühen wie ‘Pallida’? Die Frage ist nicht zu beantworten. Unser Freund und ehemalige Praktikant im Arboretum Kalmtout, Mikinori Ogisu, sammelte im Nordwesten von Hupei (China) Samen wilder Pflanzen zu einer Zeit, als sie nicht blühten, aber auch in der Natur scheinen diese Pflanzen selten zu sein. Die Pflanzen, die aus diesen Samen gezogen wurden, haben noch nicht geblüht. Jungpflanzen wachsen zwar schnell, sind aber noch nicht blühreif. Es dauert Jahre, bis eine Pflanze ausgewachsen ist und ihren wahren Charakter zeigt. Wie spannend wäre es, die chinesische Art auszupflanzen, nach 20 bis 30 Jahren Samen zu sammeln, hieraus auszuwählen und vielleicht sogar Unterlagen zu züchten. Ein Sprung ins kalte Wasser? Aber was für eine Herausforderung! Werden die Kleinen weniger wählerisch sein, wenn es um den Säuregehalt des Bodens geht? Das ist nur eine der vielen Fragen, die ich mir bei diesem Projekt stelle.
Die bisher erfolgreichste Sorte ist die hellgelbe ‘Pallida’, die etwas früher blüht als die Art. Diese Form wurde in den Gärten der RHS gefunden, vielleicht aus Samen der Pflanzen der Gärtnerei Antoine Kort, jetzt Arboretum Kalmthout. Von *H. mollis* sind Klone im Handel, die in ihrem Habitus variieren: vasenförmig, niedrig wachsend usw. *H. mollis* ‘Brevipetala’ ist ein Sammlerstück. Sie blüht verschwenderisch mit tiefgelben kleinen Blüten und behält im Winter die verdorrten Blätter an den Zweigen – für viele ein kleiner Minuspunkt. Ein Spätblüher ist ‘Goldcrest’, von Ende

Februar bis Mitte März, und 'Perfume' macht ihrem Namen alle Ehre.

Hamamelis vernalis

Seit 1908 in Europa

Im Jahre 1954 ernteten wir zum ersten Mal Samen einer Zaubernuss im Arboretum Kalmthout. Damals gab es die amerikanische Art *Hamamelis vernalis* nicht in der Sammlung. Der Name taucht zwar auf einer Liste aus den Vorkriegsjahren auf, aber eine Pflanze haben wir damals im Garten nicht gefunden. Das erste Exemplar kam 1955. Bei den ersten Sämlingen, die wir zogen, war ein *Vernalis*-Einfluss nicht zu erkennen, aber als die Jungpflanzen einer späteren Aussaat zu blühen begannen, merkten wir, dass Pflanzen dazwischen waren, die viele besonders kleine, bräunliche Blüten hatten und die wie *Hamamelis vernalis* unverkennbar süß dufteten. Wahrscheinlich hatten Fruchtfliegen für die Bestäubung von anderen Zaubernüssen in der Sammlung gesorgt und so waren *Vernalis*-Eigenschaften in den Nachkommen zutage getreten.

In der Literatur las man bis zu diesem Zeitpunkt von Kreuzungen zwischen *H. mollis* und *H. japonica*. Chromosomenuntersuchungen konnten keinen Aufschluss geben, da alle Arten der *Hamamelis* die gleiche Zahl Chromosomen haben. In neueren DNA-Studien aus den USA wurde nachgewiesen, dass *Vernalis* ein wichtiger Bestäuber ist. Die Fruchtfliegen haben eine ausgesprochene Vorliebe für den süßen fruchtigen Duft der Blüten. Sie bringen den klebrigen Blütenstaub zu den Blüten anderer Zaubernüsse im Garten. *Hamamelis vernalis* kommt in der Natur in den USA vor, hat aber ein viel kleineres Verbreitungsgebiet als *H. virginiana*. Die Pflanze kann bis zu 2 m hoch werden, ist aber meistens niedrig wachsend mit vielen dünnen, ausladenden Zweigen. Wenn viel Schnee fällt, liegen die Zweige auf der Erde und können brechen, aber die Pflanze erholt sich gut. In der Natur wächst sie an Ufern und kann sogar kurze Überschwemmungszeiten überleben. Sie blüht von Ende Januar bis Ende März. Die Blütenblätter sind bräunlich orange und die Kelche leuchtend orangerot. Die bescheidene Blüte wird durch einen würzigen Duft und eine prächtige Herbstfärbung mehr als wett gemacht. In Gärten ist diese Art nur selten zu sehen. Die Blüten sind vielen zu unauffällig und bei schlechtem Wetter rollen sich die Blütenblätter zusammen. Auch der Duft wird nicht von jedem geschätzt, was mich sehr wundert. Da sie besser nicht zurückgeschnitten wird – wie übrigens alle Zaubernüsse –, wächst sie zu einer kompakten Pflanze mit einer geschmeidigen und eleganten Bewegung in den Zweigen.

Reine *Vernalis* habe ich noch nie gesät. Einige unserer Sorten mit vermeintlichem *Vernalis*-Blut haben dunkle Blüten. 'Danny' und 'Fire Blaze' sind in Farbe und Duft sehr warm. Außerdem gibt es 'Sandra' (Sel. Hillier) mit Blütenblättern von 5 mm, purpurfarben und mit schöner Herbstfärbung. 'Lombarts Weeping' hat eine eher liegende als hängende Form, ausgewählt im Arboretum Les Barres und gezüchtet von Jacques Lombarts in Zundert (NL). In Les Barres steht ein mächtiges Exemplar.

Im Arboretum Kalmthout wird an zwei neuen *Vernalis*-Formen gearbeitet: Seedling I und Seedling II mit dunklen malvenfarbigen Blüten, gezüchtet von van de Werf (Boskoop, NL), einem eifrigen Sammler von *Hamamelis*. Es sind noch kleine Pflanzen, aber im Dezember 2000 blühten sie zu jedermanns Genugtuung und Überraschung.

Hamamelis x intermedia

Die meisten Zaubernüsse, die man in Gärten und Parks sieht, sind Kreuzungen, *Hamamelis* x *intermedia*, kurz *Intermedia* genannt oder mit ihrem Sortennamen, beispielsweise 'Ruby Glow', 'Limelight'. Alfred Rehder (Arnold Arboretum, USA) schrieb 1945 zum ersten Mal darüber. Damals ging man davon aus, dass es Kreuzungen aus *H. japonica* x *H. mollis* seien, aber ihr Stammbaum sieht wohl komplexer aus. Darüber ist man sich heutzutage einig. Auch die amerikanische *H. vernalis* hat sich als Bestäuber in ihren Nachkommen behauptet. Bis heute hat es sich als unmöglich erwiesen, zielgerichtete Kreuzungen durchzuführen. Es sind spontane Kreuzungen aus Mutter- und Vaterpflanzen, die nah beieinander stehen und die auf gut Glück von Insekten bestäubt werden – mit überraschenden Ergebnissen. Daneben sind passionierte Liebhaber und Züchter am Zuge, die mit Engelsgeduld selektieren. Von 1000 Sämlingen bleiben höchstens 10 übrig, die viel versprechend genug sind, um ins Zuchtprogramm aufgenommen zu werden. Die Pflanzen, die nicht für eine Anerkennung oder einen Sortennamen in Frage kommen, sind häufig auch schön, aber wenn sie 2,50 m hoch sind, müssen sie schweren Herzens abgeholzt oder verschenkt werden.

Die Liste der *Intermedia*-Sorten ist sehr lang und jedes Jahr werden neue hinzugefügt. Sie unterscheiden sich manchmal nur sehr wenig voneinander. Sie blühen im Januar / Februar, manchmal bis in den März. Es ist unmöglich, sie in diesem Buch alle zu beschreiben. Allein im Arboretum Kalmthout, wo die *Hamamelis*-Geschichte begann, wurden in den letzten 50 Jahren nicht weniger als 25 Sorten gezüchtet. In den vergangenen Jahrzehnten habe ich im Landschafts-Arboretum Hemelrijk Essen weiter gezüchtet. Es gibt noch so viele Möglichkeiten!

Hamamelis x *intermedia* 'Georges'

Liste der besseren Hamamelis-Sorten (Stand Ende 2000)

Die Top 5

Chris Lane zufolge

- Aphrodite
- Barmstedt Gold
- Goldcrest
- Pallida
- Robert

Maurice Sanders zufolge

- Arnold Promise
- Barmstedt Gold
- Harry
- Pallida
- Robert

Jelena de Belder zufolge

- Fire Blaze
- Georges
- Livia
- Pallida
- Sunburst

Maurice Foerster zufolge

- Arnold Promise
- Aurora
- Barmstedt Gold
- Livia
- Pallida

Die Top 10

- Angelly
- Arnold Promise
- Aurora
- Barmstedt Gold
- Georges
- Glowy Amber
- Harry
- Livia
- Pallida
- Wisley Supreme

Die Top 25 (nach Farbe sortiert)

Hellgelb	Angelly
	Arnold Promise
	Pallida
	Primavera
	Sunburst
	Limelight en Zitronenjette (eventuell)
Gelb	Coombe Wood
	Jermyns Gold
	Wisley Supreme
Goldgelb	Barmstedt Gold
	Ripe Corn
Orangegelb	Aphrodite
	Bernstein
	Orange Peel
	Vesna
Kupferfarben	Fire Blaze
	Glowing Amber
	Harry
	Jelena
	Old Copper
	Robert
Rot	Diane
	Livia
Bordeaux	Birgit
Zweifarbig	Aurora
	Strawberries and Cream

Heptacodium ✻ Heptacodium

Im Jahre 1980 wurde *Heptacodium miconioides* in China auf einer amerikanisch-chinesischen Expedition wieder entdeckt. Aus dem Arnold Arboretum in den USA kam diese Art in Arboreta und Forschungszentren nach Europa und wird seitdem auch in den Verkaufskatalogen spezialisierter Betriebe aufgenommen. Das Arboretum Kalmthout kaufte die ersten Exemplare 1994. Sie wachsen schnell und wir nehmen an, dass sie hier 5–6 m hoch werden können. In freier Natur werden die großen aufrechten Sträucher oder Bäume bis zu 8 m hoch. Sie wachsen an den steilen Felsküsten von Hupei. Es ist eine seltene Pflanze, aber sie ist auch selten schön. Sie blüht Ende August bis Ende Oktober mit weißen, warm duftenden Blüten, die viele Bienen anziehen. Wenn die eigentliche Blüte vorbei ist, fallen die Blütenblätter ab, sehr diskret und fast unbemerkt. Dann folgt eine zweite verführerische Zeit: Die Kelchblätter färben sich intensiv rosa und wirken, als ob sie viel größer geworden wären – jetzt, da die Kronblätter die Aufmerksamkeit nicht mehr auf sich ziehen. Die Blätter rollen sich der Länge nach, sodass die silbrige Unterseite zu sehen ist, und sind rosa bis lila gefärbt. Besucher bewundern diesen Strauch und notieren sich seinen (langen und schwierigen) Namen. Im Arboretum Kalmthout erlitt ein *Heptacodium*-Strauch zweimal Frostschäden, vor dem Zweiten Weltkrieg und 1986. Seine Winterhärte ist nicht absolut, aber verlässlich.

Jasminum ✻ Jasmin

Ich habe den Winterjasmin *Jasminum nudiflorum* zuerst in meinem Geburtsland Slowenien gesehen. Wir bekamen einen Ableger mit Wurzeln und seitdem ist der Winterjasmin mir treu geblieben. Oder ist es andersrum? Er ist eine außergewöhnlich loyale Pflanze, eine unerschöpfliche Quelle, wenn man Gartenfreunde mit einem Geschenk überraschen möchte. Dennoch sieht man Winterjasmin selten in Gärten, was mich immer noch erstaunt. Er begnügt sich mit jedem Boden. Er freut sich allerdings über eine Mauer oder einen Halt, an dem er festgebunden werden kann, denn eine echte Kletterpflanze mit Haftwurzeln und Ranken ist er nicht. In der Natur habe ich ihn noch nie gesehen. Im Garten macht er sich an der Haustür oder einem Fenster sehr gut. Um die Pflanze, die viele Seitentriebe hervorbringt und dadurch ein bisschen knorrig aussieht, zu bändigen, können eine Röhre aus Metalldraht, ein Pfosten oder ein Gestell Abhilfe schaffen. Ein Winterjasmin, der die Stufen eines Treppenabsatzes umspielt und über das Geländer hängt, ist ein echter Willkommensgruß. Auch eine alte Kopfweide hat nichts dagegen, von einem Winterjasmin eingepackt zu werden.
Draußen mag es kalt sein, die munter gelben Blüten an den kahlen, auffällig grünen Zweigen fangen den kleinsten Sonnenstrahl ein. Die Blüte beginnt im November und hält sich bis zum Ende des Winters, wenn es nicht allzu stark friert. Er braucht etwas Sonne, um richtig zu blühen, aber Temperaturwechsel schaden ihm nicht. Wenn einige Knospen erfrieren,

sind andere bereit, sich zu entfalten. Es ist merkwürdig, dass er nicht duftet, was man von einem Jasmin doch erwarten würde. Ich habe daher auch weder ein Insekt noch Samen entdeckt, da offensichtlich keine Bestäubung stattfindet.
Echtes Beschneiden ist sicherlich nicht zu empfehlen, man sollte aber die Pflanze verjüngen indem man ältere Zweige etwa 40 cm über dem Boden abschneidet, sodass die kräftigen jungen Zweige wieder Platz haben und die Blüte stimuliert wird. Im Sommer wächst er in aller Bescheidenheit zwischen anderen auffälligeren Pflanzen. Da die Blätter so klein sind, macht er sich gut neben einer lichten Alpen-Waldrebe *Clematis alpina* oder in der Umgebung einer Mahonie mit purpur verfärbten Blättern im Winter.
Jasminum nudiflorum kommt aus China und der chinesische Name bedeutet „dem Frühling ein Willkommen". Ich habe die Pflanze an einer Mauer wachsen sehen. Sie hing wie eine Gardine darüber – mit gelben Sternchen bestreut. An einem düsteren Wintertag fiel mir der Name wieder ein: „dem Frühling ein Willkommen".

Links *Heptacodium miconioides*
Mitte *Jasminum nudiflorum,* Winterjasmin
Rechts *Lindera obtusiloba,* Fieberstrauch

Lindera ✳ Fieberstrauch

Mikonori Ogisu, unser ehemaliger Praktikant im Arboretum Kalmthout, mit dem wir befreundet blieben, besorgte uns Samen von *Lindera praecox*, einer Pflanze, die mich besonders fesselt. Der Artname „praecox" verheißt eine frühe Blüte und das ist immer eine Herausforderung. Die Sämlinge, die wir zogen, waren sehr unterschiedlich. Eine Pflanze ist fast wintergrün, eine andere hat braune Rinde. In Japan (Honshu, Shikoku und Kiushu), wo sie einheimisch ist, blüht der Strauch im März /April. Was würde hier passieren? Würde er vielleicht früher blühen? So wie die Zaubernüsse? Es geht ihm hier gut. Der größte ist 2 m hoch. Er blüht jetzt zum dritten Mal sehr üppig und hat keine Frostschäden. Krüssmann beschreibt ihn als sehr empfindlich – im Gegensatz zur amerikanischen Art *Lindera benzoin* (Spice Bush), der winterhart ist, aber später (im Mai) blüht. Wenn *Lindera praecox* in einer Gruppe wächst, sieht man Größenunterschiede: Einige sind Sträucher, andere wollen kleine Bäume werden. Ende Januar gibt es schon Knospen, die mit glänzenden Schuppen bedeckt sind, und die zitronengelbe Farbe der Blüten ist schon zu sehen. Nicht alle Pflanzen blühen gleichzeitig – glücklicherweise. So entkommen manche Sträucher einem plötzlichen Temperaturrückgang. Wenn es in einer Nacht bis zu –8 °C friert, dann sind die offenen Blüten erfroren, aber die geschlossenen nehmen keinen Schaden, zumindest wenn der Frost nicht anhält. Ein blühender Strauch mit seinen stehenden Ästen und Zweigen scheint in eine gelbgrüne Wolke gehüllt und erinnert an einen Hartriegel. Die Blüten haben nur Staubfäden und Stempel wie auch Parrotien und andere Pflanzen. Auffällige Kron- und Kelchblätter fehlen. Er blüht direkt nach den Zaubernüssen und vor der Scheinhasel.

Ich möchte gerne noch mehr über Fiebersträucher erfahren: Mit welchen anderen Pflanzen fühlen sie sich wohl? Im Hemelrijk Essen wächst ein Strauch am südwestlichen Waldrand in gut drainierter und humusreicher Erde. Es scheint ihm gut zu gefallen. *Lindera obtusiloba* scheint im Großen und Ganzen häufiger vorzukommen, hat größere Blätter und blüht im März / April. Ich kenne nur ein Exemplar dieser Art. Es kann vorkommen, dass Blüten durch späten Frost Schaden nehmen.

Lindera angustifolia blüht sehr früh und ist sehr schön aufgrund der glühend roten Herbstfarben bis in den Januar. In der Domäne Herkenrode (Hacht, Belgien) verfärbt er sich nicht jedes Jahr mit gleichviel Elan. Von einer anderen Art, *L. triloba*, sah ich ein Exemplar im Freien bei dem Züchter Yamaguchi (Nagoya, Japan). Es stand Anfang April in voller Blüte. Die Arten *L. hemsleyana, L. chienii, L. reflexa* und *L. strychnifolia* sind schon seit einigen Jahrhunderten im Westen bekannt, aber man hat nur wenig Erfahrungen mit ihnen.

Lonicera ✳ Geissblatt / Heckenkirsche

Ab November entfalten sich die Blüten der Wohlriechenden Heckenkirsche *Lonicera fragrantissima*, ganz allmählich, jeweils zu zweit über die ganze Länge der dünnen Zweige. Sie haben so gut wie keine Stiele und stehen in sicherem Abstand voneinander. Ein Fotograf hat es nicht leicht, will er diese Pflanze in voller Blüte abbilden. In einem losen Gewirr aus dünnen Zweigen mit wenigen Blättern sitzen die Blüten ziemlich versteckt. Die Blüte ist eine Miniausgabe des Wald-Geißblattes. Sie ist eierschalenfarben und hat einen frischen Zitronenduft. Bei trübem Wetter muss man dicht herangehen, um den zarten Duft zu riechen, aber bei milden Wetter hängt der Duft in der Umgebung. Die Pflanze produziert leicht Ableger. Die Zweige beugen sich zum Boden und treiben Wurzeln. So können wir Freunde mit Jungpflanzen erfreuen und sie an der Freude, die wir an der Wohlriechenden Heckenkirsche haben, teilhaben lassen.

Lonicera standishii, die Stinkende Heckenkirsche, ist fast wintergrün. Sie ist ein aufgerichteter Strauch mit blassrosa Blüten. Die Blütenblätter sind etwas schmaler und die Staubbeutel sind groß und auffällig gelb, sodass man glauben könnte, dass er gelb blüht. Die Blüten stehen weiter auseinander als bei der vorigen Art, sodass er aussieht, als blühe er weniger.

Eine Kreuzung der beiden genannten Arten ist *Lonicera* x *purpusii*. Eine erfolgreiche Sorte ist hier 'Winter Beauty', ein kompakter Strauch, der gerne sonnig steht und einen Teil seiner Blätter im Winter behält. Die cremefarbenen Blüten sitzen ohne Stiel an purpurfarbenen Trieben und duften herrlich.

Alle drei sind wertvoll und passen in jeden Garten, an jeden Standort. Sie sind überall glücklich. Mich allerdings bezaubert *L. fragrantissima* in ihrer entwaffnenden Einfachheit am meisten.

Rechts *Lonicera fragrantissima,* Wohlriechende Heckenkirsche

Mahonia ✻ Mahonie

Am bekanntesten ist *Mahonia aquifolium*, der unverwüstliche Gartenstrauch mit gelben, nach Honig riechenden Blütentrauben im frühen Frühjahr und blau bereiften Beeren im Herbst. Das Blatt ist stachlig, aber weniger scharf als bei Stechpalmen. Die Sorte 'Apollo' bleibt niedrig und blüht üppig mit goldgelben Blüten zwischen dunkelgrünen, fast purpurbraun glänzenden Blättern.

Mahonia japonica beginnt schon im November zu blühen und blüht bis in den März. Wenn es plötzlich zu frieren beginnt, fallen einige Blüten ab. Kleine grüne Kelche bleiben an den Zweigen, sodass der Strauch immer noch gut aussieht. Es folgen noch sekundäre und tertiäre Ähren im Herzen der beschädigten Blüten. So haben wir noch länger Freude an der Pflanze. Außerdem duften die Blüten nach Maiglöckchen. *Mahonia japonica* 'Hivernant' ist eine eingebürgerte Sorte mit großen gelben, sternförmig aufgerichteten Blüten an der Spitze.

Jüngere Sorten (nach dem Zweiten Weltkrieg) 'Buckland', 'Charity', 'Winter Sun' und 'Fortescue' wurden in Nordirland aus Sämlingen von *Mahonia japonica* und *M. lomariifolia* selektiert. Sie sind ziemlich kompakte Sträucher mit großen Blütentrauben, je nach Sorte aufgerichtet oder hängend. In einem Gewächshaus am Mittelmeer sah ich einmal 'Buckland' mit riesigen Blättern bis 70 cm und ebenso langen Blütentrauben. Im Hemelrijk Essen blühen sie im Februar üppig an der Außenseite des Mauergartens. An sonnigen Tagen werden die Mahonien viel von Bienen besucht. Die größte Sammlung von Mahonien findet sich im Windsor Great Park in England und in der Spezialgärtnerei Bulk in Boskoop (Niederlande).

Unten *Mahonia japonica,* Japanische Mahonie
Rechts *Osmanthus ilicifolius,* Duftblüte

Unser ehemaliger Praktikant Ogisu hat die Pflanze in China gesucht, wo sie ursprünglich herkommt. Es entstanden – und entstehen noch heute – neue Möglichkeiten. Seit 1984 wächst im Hemelrijk Essen *Mahonia gracilipes*. Sie blüht schon Mitte Oktober in lichten langen Ähren. Die Blätter sitzen an langen Stielen und haben im Winter eine lila Färbung. Die Knospen sind rot mit einem Purpurschimmer und die Blüten sind orange, duften aber nicht. In der freien Natur habe ich diese Art noch nicht gesehen, aber auf dem Weg nach Lhasa eine mir unbekannte Art, deren Name ich nicht kenne. Die Pflanze hatte kurze Blätter, rote Knospen und orange Blüten. Ich habe einen Ableger mitgenommen, aus dem ich eine Pflanze bekam, von der ich wiederum drei Ableger nahm. Alle drei gedeihen gut. Ich weiß noch immer nicht, ob diese Art im Südwesten Chinas (Mupin) in wilder Natur wächst oder ob sie in einem der Klöster auf dem Weg nach Lhasa angepflanzt wurde.

Oemleria ✳ Oregonpflaume

Die amerikanische *Oemleria cerasiformis* (früher *Osmaronia*) bringt in den Unterwuchs eines Waldes Abwechslung. Ihre frühe Blüte – in mildem Klima im Februar / März – ist ein Pluspunkt. Die grünweißen, hängenden Blütentrauben haben einen süßlichen Mandelduft. Sie ist ein stiller Strauch, der gerne an sonnigen Plätzen wächst und leicht Seitentriebe bekommt. Sie passt mit ihren farbigen Zweigen sehr gut zu Hartriegel oder Korkenzieherhasel, mit Schneeglöckchen und Märzbechern im Vordergrund. Zusammen mit den Blutjohannisbeeren, *Ribes sanguineum* 'Album' oder 'Tydeman's White', die etwas später blühen, eignet sie sich für die Pflanzung in großen Anlagen. Die Früchte – wenn es denn welche gibt (es handelt sich um eine zweihäusige Pflanze) – sind bittere schwarze Pflaumen.

Osmanthus ✳ Duftblüte

Osmanthus heterophyllus, die Stachelblättrige Duftblüte, kommt aus Japan, wurde aber schon vor anderthalb Jahrhunderten in Europa durch von Siebold eingeführt. Sie ist ein wintergrüner, stechpalmenartiger Strauch, der in Form geschnitten werden kann. Eine *Osmanthus*-Hecke ist die Königin unter den Hecken. Ihre Blätter sind klein und glänzend, von kaum gestachelt bis ganzrandig. Aber was wichtiger ist: Die weißen Blüten, die im Oktober aufblühen, haben einen herrlichen Duft, den wir aber nur genießen können, wenn die Pflanze sich frei entfalten kann. Die Blüten sitzen in Büscheln in den Blattachseln. Es hat sich gezeigt, dass diese Art Temperaturen bis –25 °C verträgt. Es gibt mehrere Gartensorten, die gelbe, rote oder lila Blätter – nicht Blüten – haben.
Der chinesische *Osmanthus armatus* hat viel größere Blätter (bis zu 8 cm lang!) mit gezähnten Rändern. Auch die Blüten sind größer, aber sie duften wenig. Im Mauergarten vom Hemelrijk Essen beginnt er, im September zu blühen. Er ist weniger winterhart als die japanische Art.
Osmanthus delavayi (syn. *Siphonosmanthus delavayi*) kommt aus Yunnan und ist zweifellos die anziehendste Art mit dem schönsten Duft. Er ist anmutig und der Kälte einigermaßen gewachsen. Er blüht im April und ist damit kein echter Winterblüher, aber für diese Pflanze mache ich eine Ausnahme. In milden Wintern blüht er etwas früher. Im Arboretum Kalmthout stand eine große Pflanze, die einging, als sie verpflanzt wurde.
Osmanthus x *burkwodii*, ein fein duftender Strauch geeignet für größere Anlagen, sah ich einmal im März in voller Blüte.

Pieris ❋ Lavendelheide

Im Katalog der Gärtnerei von Charles van Geert, jetzt Arboretum Kalmthout, taucht die Lavendelheide zuerst 1846 unter dem Namen *Andromeda Blanche* auf. Es handelt sich hier um die amerikanische *Pieris floribunda*. Häufig wird noch der alte wohlklingende Name *Andromeda* für diesen hübschen wintergrünen Strauch, einem Verwandten von Rhododendron und Heidekraut, benutzt. Er blüht im März / April mit aufrecht stehenden Blüten. Diese sind weiß und duften sehr fein. Die Lavendelheide überlebt Temperaturen bis zu –25 °C und ist ein guter Bodendecker am Fuß von Koniferen. Im Arboretum Kalmthout steht ein junger Strauch von etwa 1 m Höhe.

Als ich an der Landwirtschaftlichen Hochschule von Zagreb studierte, bekam ich von einer englischen Gärtnerei einen Katalog mit schönen Fotos der Lavendelheide. Seitdem hat sie mein Herz erobert. In Belgien lernte ich sie besser kennen. Den ersten Frühling, den ich hier verbrachte, saß ich notgedrungen mit einer Fußverletzung drei Wochen lang neben einer riesigen *Pieris japonica*, die unter einer großen Zelkove unweit der Terrasse unseres Hauses (jetzt der Vangeertenhof) stand. Dieselbe *Pieris*, wahrscheinlich die erste, die auf diesem Kontinent eingeführt wurde, steht noch immer dort. Sie war damals allerdings höher als jetzt. Der Hauptast hatte unter Trockenheit gelitten und wir mussten ihn entfernen. Ältere Pflanzen wachsen allmählich auf einem Hügel, da sich eine Menge organischen Materials zu ihren Füßen ansammelt. Kein Wunder, dass das Regenwasser abfließt und die Pflanzen Schwierigkeiten bekommen. Die Zweige suchen Feuchtigkeit weiter vom Hauptast weg und durch Ableger verjüngt sich die Pflanze und wächst in die Breite. Nun hat ihre Krone einen Durchmesser von etwa 12 m. Dieser ehrwürdige Strauch leistete mir Gesellschaft. Es war Anfang April, die Sonne schien und die Pflanze stand zur Freude der Bienen, die angeflogen kamen, in voller Blüte.

Bei *Pieris japonica* var. *yakushimensis* fallen der kompakte Wuchs und die geringe Höhe auf (1–2 m). Sie ist die winterhärteste Art, auch wenn es je nach Herkunft noch Unterschiede gibt. Verschiedene Sorten wurden in den Niederlanden, Großbritannien und den USA gezüchtet. Von *Pieris formosa* var. *forrestii* wurde 1964 in den Sunningdale Nurseries (Surrey, GB) ein viel versprechender Zufallssämling gefunden, 'Forest Flame'. Er blüht im frühen Frühjahr, aber am Ende des Winters hat er scharlachrote junge Triebe, sodass er im Garten richtiggehend glänzt. Leider wird diese Sorte durch Frost manchmal beschädigt. Tiefe Temperaturen haben 1986 an unserer 'Forest Flame' viel Schaden angerichtet – in einem Moment, da diese schöne Pflanze ein erfolgreicher Newcomer war. Sie trifft daher auf Konkurrenz von einer härteren Sorte von *P. j. yakushimensis*, die seit kurzem im Handel ist.

Als wir auf dem Weg zum Miyanouradake, dem gewaltigen Berg auf der japanischen Insel Yakushima, waren, erreichten wir den Rand eines Waldes. Zwischen den Baumstämmen sahen wir ein dichtes Strauchgewächs *Rhododendron metternichii*. Es war schon November, aber das Sonnenlicht war noch stark. Die Landschaft, die vor uns lag, war unvergesslich: Lavendelheide und Zwergrhododendren in einem hohen Bambusfeld aus *Sasa owatari*, der im Jahr zuvor geblüht hatte und abgestorben war. Die *Pieris*-Sträucher wuchsen mal dicht beieinander, mal weiter auseinander. Sie waren wie beschnitten von Wind und Wetter, aber es gab viele Blüten, sowohl mit Knospen als auch mit Samenkapseln. Wir baten um die Erlaubnis, Samen mitzunehmen, und bekamen sie auch.

Wir hatten diese Reise unternommen, um *Rhododendron yakushimanum* in freier Natur zu sehen. Koichiru Wada war der Erste, der in den dreißiger Jahren diese kompakte Rhododendronart züchtete. Hatte er kein Interesse an Lavendelheide? Für uns war diese Form

von *Pieris japonica* sicher ebenso interessant wie der Rhododendron. Es war Liebe auf den ersten Blick. Niemals später hatte ich solche Freude am Sammeln der Samen wie auf dieser denkwürdigen Tour. Die Vielfalt der *Pieris*-Vegetation ist unvorstellbar groß. Nicht nur der Habitus unterscheidet sich, auch Größe und Form der Blätter, die Farbe der Blütenstände, rosa oder grün, aufrecht, horizontal oder hängend, der Zeitpunkt der Blüte ... Alles scheint möglich! Die Zeit verstrich und wir mussten vor der Dunkelheit in unserem Unterschlupf sein. Es war eins der schönsten Erlebnisse auf unseren Pflanzenexpeditionen.

Wieder zu Hause haben wir aus einem Teil der gesammelten Samen Pflanzen gezogen und weiter verteilt, so gut wir konnten, bis in die USA. Ich habe mein Herz an diesen ruhigen Strauch mit den vielen Gesichtern verloren. Er ist mit dem Rhododendron verwandt und stellt in etwa die gleichen Ansprüche. Leichter, saurer Waldboden ist gut, aber er liebt sonnigere Standorte.

Erst nach meiner dritten Reise nach Japan habe ich verstanden, warum die Blüte der *Pieris japonica* die Japaner nicht bezaubern kann. Die Lavendelheide, die sie bewundern, ist eine höhere, lichte Pflanze mit wenig Verzweigungen und dichten grünen Bündeln, die man auch als Heckenpflanze sieht. Und es gibt noch mehr zu entdecken. Auf meiner letzten Reise nach Japan, organisiert von Lia De Grave, Meisterin in Ikebana, sah ich in einem Park in Kyoto eine *Pieris* mit roten jungen Trieben, die leider noch zu zart waren, um Ableger zu entnehmen. Ich bin zunehmend davon überzeugt, dass die Vielfalt innerhalb einer Art viele Möglichkeiten für interessierte Züchter und Liebhaber bietet.

Die Pflanzen, die wir aus den mitgebrachten Samen züchteten, haben uns nicht enttäuscht. Im Gegenteil: Sie sind zwar kompakt, aber nicht so gedrungen wie die, die wir in freier Natur gesehen hatten, wo sie durch den Wind kurz gehalten wurden. Einige der bemerkenswerten niederländischen Sorten sind: 'Debutante' (Sel. Versuchsanstalt Boskoop 1983), 'Prélude', 'Sarabande' und 'Rosalinde' (Sel. Esveld Boskoop 1981). Und es gibt noch viele andere Sorten im Handel: die altmodische 'Variegata', eine Zwergform 'Pygmaea', die rot blühenden 'Valley Valentine', 'Blush', 'Flamingo', 'Wakehurst' ... Es ist schwierig, sich zu entscheiden. Leider sind nicht alle gleich winterhart.

Die Lavendelheide ist nicht die einzige Pflanze, die im Winter sehr dekorativ ist, wenn die Blüten noch in Knospen stehen. Ich denke beispielsweise an die beliebte Skimmie, an den Stinkenden Nieswurz mit grünen Blütenknospen und an die sehr frühe Zierquitte mit rosa Knospen.

Links oben *Pieris japonica* var. *yakushimensis*
Links unten *Pieris japonica,* Japanische Lavendelheide

Prunus ❄ Prunus

In Japan sah ich die wilde *Prunus mume*, die Japanische Aprikose, in voller Blüte im April. Es war ein Baum mit breiter, runder Krone. Wir befanden uns in Zentral-Honshu auf 700 m Höhe. In freier Natur blüht diese *Prunus*-Art weiß. Die Pflanze stammt aus China und Korea (Insel Jejudo). Der Name Japanische Aprikose verweist auf das Land, wo sie von jeher gezüchtet wird und von wo sie in den Westen kam. In alten chinesischen Schriften und Gedichten wurde dieser leichtfüßige, elegante und herrlich duftende *Prunus* besungen. Lin Bu (967–1028) schrieb: „Spärliche Schatten schieben sich über das klare Wasser, dezenter Maiduft treibt im Mondlicht." Schon seit drei Jahrtausenden wird *Prunus mume* gezüchtet. Er ist das Symbol des buddhistischen Neujahrsfestes am 15. Februar. Die grünen Früchte werden in einem Ritual geopfert. Ursprünglich war die Japanische Aprikose eine Nutzpflanze und das ist sie auch geblieben. Die Früchte werden aufgrund ihres säuerlichen Geschmacks in

Fleischgerichten verwendet. Sie werden salzig oder süß eingelegt und in Konfitüren oder Getränken verwendet. Im Feuer getrocknet, sind sie ein Heilmittel. Aber allmählich wurde sie aufgrund ihrer doppelten und andersfarbigen Blüten auch als Zierpflanze angebaut und selektiert. Formen mit doppelten Blüten sind oft steril oder haben nur wenige Früchte. Die Sorten werden mit poetischen Namen wie „welliger Drache", „Lotusblüte" oder „Zinnober von Huishou" bedacht. Sie ist im Fernen Osten immer eine beliebte Pflanze geblieben. In der japanischen Geschichte ging die Liebe zur Japanischen Aprikose dem Erfolg der Zierkirsche voraus, aber sie hat sich niemals verdrängen lassen, ganz im Gegenteil. Die Züchtungsversuche gingen in alle Richtungen: Blüten, Früchte, Zweige und Duft. Heutzutage sieht man *Prunus*-Pflanzen als Bonsai in Töpfen und Schalen, in Gärten, Parks und Obstgärten. In jeder Stadt oder in jedem Viertel wird ein Ort reserviert, um bis zu zwölf Exemplare anzupflanzen. Was zuerst ein kaiserliches oder adeliges Privileg war, steht nun jedem offen.

Schon seit der Edo-Periode (1630–1868) wird in Japan die Japanische Aprikose in vielen Farben gepflanzt. Sie ist wie keine andere das Symbol für den nahenden Frühling und es gibt keine Pflanze, die so häufig in der Kunst, auf Textilien und Porzellan abgebildet wird. In dem 1997 erschienenen prächtigen Buch „History and Principle of the Traditional Floriculture of Japan" von Kashioka und Ogisu werden nicht weniger als 51 Zuchtsorten von *Prunus mume* präsentiert, von denen 33 im Winter und frühen Frühjahr blühen. Altmodische und verloren geglaubte Sorten werden wieder aufgespürt und können mit dem Enthusiasmus vieler Gartenliebhaber rechnen.

Vorhergehende Seite *Prunus mume,* Japanische Aprikose
Links *Prunus* 'Collingwood Ingram'
Rechts *Prunus* 'Marie Mallet'

Es ist verständlich, dass diese Pflanze auch im Westen Erfolg hatte, allerdings ist sie immer noch relativ unbekannt.
Wie gedeiht diese *Prunus*-Art hier? Die wilde Japanische Aprikose, die wir im Arboretum Kalmthout gefunden haben, trug Früchte. Ich habe einige ausgesät und die Sämlinge in der kleinen Gärtnerei herangezogen. Dort standen außerdem noch 84 andere Sämlinge der *Prunus mume*. Einer davon hatte grünes Holz mit gelben Streifen. So etwas behält man. Diese Pflanzen sind verloren gegangen. Sie haben die Verpflanzung und den Umzug nach Hemelrijk Essen nicht überlebt. Sie waren dort nicht glücklich. In einem Garten dicht am Haus wächst jetzt eine hochstämmige *Prunus mume* 'Beni Shidon'. Wenn ich aus dem Fenster schaue, erlebe ich ein Märchen. Ich genieße sechs Wochen lang dieses rosarot blühende Bäumchen. Kein einziger Zierkirschenbaum kann es damit aufnehmen. Früher geschah es, dass ich Früchte der Japanischen Aprikose in Alkohol einlegte und damit kochte. Jetzt will ich nur noch den Rosenstrauß im Februar genießen.

Viel bekannter und weniger empfindlich ist *Prunus subhirtella* 'Autumnalis', die so genannte Frühjahrskirsche, die im Herbst und Winter blüht. In milden Wintern blüht sie im November mit roten oder weißen, manchmal halbgefüllten Blüten. Wenn es zu kalt ist, kommt die Blüte zum Erliegen, aber gegen Ende des Winters blüht sie weiter. Vor einigen Jahren waren die Frühjahrskirschen in den Nachrichten: „Kirschbäume im Winter". Heutzutage hat man sich an das Bild in Gärten und Parks gewöhnt. Im Arboretum Kalmthout werden von 'Autumnalis' Sämlinge gezogen. Daraus wurden wertvolle Sorten selektiert: 'Amanda' mit reinweißen, doppelten Blüten, 'Marie Mallet', eine Trauerform, die blüht, wenn die Blätter sich verfärben. Etwa zur gleichen Zeit blüht 'November Charm', eine Sorte von *Prunus incisa* (Arboretum Kalmthout), der japanischen Märzkirsche.
Im März sind wieder andere *Prunus*-Arten an der Reihe. Von den Mandel-Pfirsich-Hybriden sind *Prunus amygdalo-persica* 'Fenzliana' und 'Pollardii' die besten für unsere Gärten. Im Arboretum Kalmthout haben es alle anderen aufgegeben. *Prunus cerasifera*, die Kirschpflaume aus dem Kaukasus und Westasien, sieht man in vielen Gärten, am liebsten an der Straße als freundliche Einladung. Meistens handelt es sich um eine Sorte mit einem roten oder schwarzroten Blatt und weißen oder rosa Blüten. Eine dieser braunblättrigen Rassen ist 'Atropurpurea', auch bekannt unter ihrem alten Namen 'Pissardii'. Im Jahre 1907 wurde *Prunus conradinae* aus China eingeführt. Die halbgefüllte rosa 'Semiplena' ist eine Sorte von Collingwood Ingram (1925). *Prunus pumila* ist noch wenig bekannt. Es ist ein Zwergpfirsichbaum, der aus dem Nordwesten der USA kommt. Er wird in Neuseeland gezüchtet und als Topfpflanze angeboten, kann aber auch im Garten wachsen. Er hat sehr gefüllte Blüten und doch gibt es Früchte. Es gibt auch weniger Raffiniertes. Die wilde *Prunus incisa* blüht weiß, und ist ein kompakter Strauch, der beschnitten werden kann. Im Mauergarten vom Hemelrijk Essen wächst *Prunus tomentosa*, die Japanische Mandel-Kirsche, der einzige Kirschenbaum in Japan, dessen Früchte verzehrt werden. Die weißen Blüten haben kurze Stiele. Am Stamm veredelt, blüht diese Art hier im März / April. Die Früchte sind durchsichtig und hellrot, aber nicht so lecker wie unsere Kirschen.
Nach diesen früh blühenden, natürlich wirkenden Kirschbäumen folgen dann die „eigentlichen" japanischen Zierkirschen.

I. Neuere Arten und ihre Kultivare

Wir fuhren mit unserem amerikanischen Freund C.F. Miller von Japan nach Korea. Dort wollten wir einige Tage bleiben, um die früh blühenden Kirschbäume zu sehen. Auf dem Weg vom Flughafen in die Stadt traf uns die merkwürdige Farbkombination des Unterwuchses in den lichten Wäldern: *Rhododendron dauricum* var. *mucronulatum*, die Dahurische Azalee, und *Forsythia ovata* (syn. *koreana*). Ein zartes Lilarosa in allen Nuancen und ein fast grelles Gelb durcheinander, glücklicherweise durch das viele Grün darum herum etwas abgeschwächt. Solche kräftigen Farben überraschten uns nach einem langen und strengen Winter. Wir hatten eher einen sanften Übergang in den Frühling erwartet als solche bunten Farben. Die Landschaft erinnerte uns an die Farben der traditionellen koreanischen Trachten. Warum erzähle ich das überhaupt? Weil *R. d.* var. *mucronulatum* eine der frühsten Blühpflanzen im Garten ist. Er ist ein kleiner lichter Strauch, der sein Laub abwirft. Die Blüten sind lilarosa Glocken. Sie wirken, als seien sie aus Seidenpapier gemacht. Es ist eine zarte Pflanze, die dem strengen Frost nicht gewachsen ist. Ich hoffe, dass der Standort, den wir ausgesucht haben, günstig ist: an etwas höher gelegener Stelle, von wo die kalte Luft zum Teich sinken kann, und am Rand eines Pfades, der durch einen lichten Wald verläuft. Er ist vor der frühen Morgensonne geschützt, die zu plötzliche Temperaturschwankungen verursacht. In Korea, wo er den Winden aus Sibirien ausgesetzt ist, verehrt man diesen Rhododendron als ersten Frühlingsboten.

Es gibt auch wertvolle Sorten von *R. mucronulatum*: 'Pioneer' mit mauvefarbenem Blüten, 'Anna Baldsiefen', ein Sämling von 'Pioneer' mit der Farbe von rosa Apfelblüten und auch eine Form mit weißen doppelten Blüten, 'Album' (seit 1850 in Kultur). Letztere ist zwar leicht zu vermehren, gedeiht aber nur schwer. Ich habe wie viele andere Gartenliebhaber kein Glück mit dieser Pflanze, aber ich gebe nicht auf.

R. dauricum stammt aus Ost-Sibirien und blüht dort durch den Einfluss des Ozeans sehr früh. Die Pflanze wird 2–3 m hoch und blüht blau.

R. d. var. *sichotense* blüht sehr früh (Anfang Februar). Diese Sorte wächst im Gebirge, ungefähr in der gleichen Gegend wie *mucronulatum*. Die Farbe der Sämlinge ist viel stärker als die der Art. Außerdem duften die Blätter und vor allem die jungen Triebe herrlich, auch ohne dass man sie anfasst oder beschädigt, ein süßer Trost, wenn die Blüte enttäuscht. Ich habe diese Pflanze nie in freier Natur gesehen, aber ich habe sie aus Samen gezüchtet, die in der Natur gesammelt worden waren. Ich denke, dass aus diesem Rhododendron noch interessante Gartenpflanzen gezüchtet werden können. Problematisch ist, dass die zarten Blätter und Blüten bei späten Nachtfrösten Schaden nehmen können und es dann keinen Fruchtansatz und keine Samen gibt. Es ist nicht wie bei den Zaubernüssen, denen es trotz strengem Frost gelingt, jedes Jahr Früchte zu tragen. Woran liegt das nur? Zwischen den Sämlingen von *R. sichotense* gibt es eine Pflanze mit dunklen

Rhododendron sichotense

Links *Rhododendron setchuanense*
Rechts *Rhododendron* 'Christmas Cheer'
Rechte Seite *Rhododendron* 'Mezilt'

Blüten. Gibt es bei den Sämlingen von *R. dauricum* eine große Vielfalt? Mein Wunsch ist, noch einmal nach Sibirien zu fahren und dort Rhododendren in der Natur zu sehen und mich zu vergewissern.

In der Gartenwelt am bekanntesten ist *Rhododendron* 'Praecox' (*R. dauricum* x *ciliatum*), eine Hybride (seit 1855), die vor allem als Willkommensgruß in Vorgärten gepflanzt wird.

Eine andere Hybride 'P.J. Mezitt' (*R. dauricum* x *racemosum*) ist sehr winterhart und wächst sehr aufrecht. Sie hat rosa bis purpurfarbene Blüten, die so kräftig sind, dass sie an einer Stelle wachsen muss, wo eine ruhig aussehende Pflanze im Hintergrund ihre Farbe dämpft. Von der gleichen Kreuzung gibt es eine ganze Farbskala von weiß über rosa bis lila, aber sie sind noch nicht im Handel erhältlich.

Rhododendron setchuanense, der Sichuan-Rhododendron, ist ein ganz anderer früh blühender Rhododendron. Er ist ein enormer Strauch mit spektakulären Blüten im Hinblick auf Größe und Farbe. Mein Mann Robert de Belder hatte diese Art schon gesät, bevor wir uns kennen lernten. Die Samen kamen aus dem Park von Lord Digby in Dorset. Obwohl er gewarnt wurde, es könne 30 Jahre dauern, bis die ersten Blüten kämen, gab er die Hoffnung nicht auf. Seit dem ersten Frühling, den ich in Kalmthout war, half ich dabei, die Sämlinge zu pikieren. Bei jedem Umpflanzen brauchten sie zehnmal so viel Platz wie vorher und glücklicherweise konnten wir sie mit ins Hemelrijk Essen nehmen, wo sie erst in der Gärtnerei, später dann in imposanten Gruppen entlang einem Pfad angepflanzt wurden. Einige Exemplare sind etwa 6 m hoch und ebenso breit, jetzt da sie ausgewachsen sind. Abhängig von der Temperatur und der Lichtintensität blühen sie im Februar / März / April. Zum Glück blühen sie nicht alle gleichzeitig, sodass Frostschäden weniger auffallen. Einige Stunden strenger Nachtfrost reichen aus um zu bewirken, dass die Blüten schlapp herunterhängen und blass werden. Aber das wird dadurch gutgemacht, dass die jungen Triebe, die viel später austreiben, mit einem silbergrünen Flaum bedeckt sind. Die Deckblätter um die Knospen sind rot lackiert und nehmen bei Frost keinen Schaden. Ich weiß wirklich nicht, was ich schöner finde, die Blüten oder die jungen Blätter! Wenn es sehr stark friert, rollen sich die Blätter auf – sie wirken dann wie Bleistifte – und die Pflanze sieht mitleiderregend aus, aber wenn die Temperatur steigt, entrollen sie sich wieder, als sei nichts passiert. Die Blüten sind rosa in allen Schattierungen, mit oder ohne Saftmal. Wenn sie in voller Blüte steht, will ich meine Freude mit allen Gartenliebhabern in der ganzen Welt teilen. Aber leider kann ich keine Verabredungen treffen, da sie launische Pflanzen ohne Terminplan sind. Von den besten Formen von *R. setchuanense* wurde Reiser genommen. Veredelte Exemplare (auf 4-jährigen Sämlingen von *R. setchuanense*) blühen nach 5–6 Jahren.

R. prevernum ist mit *setchuanense* verwandt, hat aber einen kompakteren Habitus. Er rollt seine Blätter nicht so leicht auf, blüht ebenso früh und ist verlässlicher. Die Blüten sind fast weiß und kleiner. Er kann an einem freien Standort stehen. Daraus folgere ich, dass er in der Natur in größeren Höhen wächst. Ebenfalls

aus Sichuan kommt *R. calophytum*. Sie sind noch größer als *R. setchuanense*, aber im Hemelrijk sind sie weniger schön. *R. erubescens* schließlich ist eine schöne Pflanze (2–3 m hoch) mit etwas abgerundeten Blättern und rosa Blüten. Sie kann etwas Frost vertragen und verträgt sich gut mit anderen früh blühenden Rhododendren mit kleinen Blüten oder mit *Prunus conradinae* oder 'Kursar'.

In einem milden Klima gibt es viel mehr Auswahl an kleinblütigen frühen Rhododendren. Hybriden von *R. keiskei, moupinense, ciliatum* blühen sehr üppig mit blassgelben und weißen Blüten, sind aber nicht winterhart genug, um bei uns draußen gepflanzt zu werden: 'Bric à Brac', 'Cilpinense', 'Racil', 'Tessa Rosa', 'Tessa Bianca' und 'Bo-peep'. Letztere hat grüngelbe Blüten. Ich versuche, sie als Kübelpflanze zu ziehen und im Winter bringe ich sie in einen ungeheizten Wintergarten. Sie blüht im Februar / März, aber wenn sie kurz vor der Blüte steht, schütze ich sie mit einem Regenschirm oder einem alten Teppich. Sie eignet sich für einen geschützten Stadtgarten.

In Waldgärten und Parks, wo die Bäume viel Sonnenlicht durchlassen, stiehlt die Hybride *R.* 'Avanlanche' Anfang April allen die Schau. Sie ist ein kleiner Baum mit großen Blättern und schweren Blütentrauben, zartrosa und mit herrlichem Duft. Den Duft erbte sie von *R. griffithianum*. Diese Art ist hier nicht winterhart, hat aber einige Hybriden mit Blüten wie aus Porzellan. Nach einem Besuch im Hillier Arboretum war Robert so begeistert, dass er 'Avalanche' im Hemelrijk Esssen anpflanzte. Was für eine Pracht! Ich würde auch gerne 'Galactic' mit cremefarbigen Blüten pflanzen, aber sie ist schwer zu bekommen. 'Janet' ist eine weitere Hybride von 'Avalanche' mit weißen Blüten mit einem rosa Schimmer.

Von dem lavendelblauen *R.* x *russautinii* gibt es 'Azurica', 'Azurwolke' und 'Lauretta', Letztere ist die winterhärteste. 'Gletschernacht' ist die schönste blaue Sorte dieser Gruppe. Alle sind kleinblättrige Rhododendren, aber das bedeutet nicht, dass sie klein bleiben. Sie werden bis zu 2,5 m hoch.

'Yellow Hammer' ist ein Kultivar von *R. neriiflorum*. Kleine zitronengelbe Glocken sitzen über die ganze Pflanze verteilt. Leider verloren wir ein Exemplar, das schon 2 m hoch war. Es stand am verkehrten Ort. Diese Pflanze blüht von Dezember bis März mit Höhen und Tiefen, je nach Temperatur. Die Blüten leiden häufig unter Spätfrost. Sammler und Liebhaber von gelben Gärten pflanzen diese Rhododendren zu gelben Zaubernüssen aber mit ausreichendem Abstand (mindestens 6 m), sodass sie sich nicht gegenseitig behindern. Auch wenn sie manchmal nicht lange blühen, der Versuchung von 'Yellow Hammer' kann niemand widerstehen.

Früh blühende „altmodische Rhododendron-Hybriden“

Die bekanntesten früh blühenden Rhododendren sind Kreuzungen von *R. caucasicum* (Kaukasus-Rh.) mit *R. arboreum* (Baum-Alpenrose). Sie entstanden seit 1830. *R. caucasicum* ist eng verwandt mit *R. ponticum*, dem blauen Pontischen Rhododendron. Beide stammen aus dem Nahen Osten. *R. caucasicum* hat weiße Blüten mit einem gelben Fleck. Das Saftmal hat er an viele seiner Nachkommen, die „altmodischen Rhododendron-Hybriden“, weitergegeben. *R. arboreum* wächst in der Natur in Nepal, hat eine Baumform und blüht kräftig rot. Botaniker und Züchter waren fasziniert von dieser Pflanze mit ihren hellroten Blüten, aber leider stellte sich heraus, dass sie im Westen nicht winterhart ist. Eine Kreuzung der beiden Arten sollte die Winterhärte der einen mit den attraktiven Blüten der anderen Art verbinden. Zu den etablierten Frühblühern rechnen wir *R.* x *nobleanum* 'Venustum' (rosa), 'Coccineum' (rot) und 'Album' (weiß). Im Arboretum Kalmthout hing an 'Venustum' ein Schild 'Venus Piet'. Bei Insidern ist der Name geblieben. Piet van Ginderen war der Gärtner zur Zeit von Antoine Kort (1898–1951). Wahrscheinlich konnte Piet den Namen nicht lesen und signierte mit seinem eigenen Namen. Diese Pflanze blüht im März, wenn die letzten Zaubernüsse noch blühen. 'Jacksonii' (*R. caucasicum* x *nobleanum*) verträgt Sonne und Wind und kann an offenen Stellen wachsen. Von dieser Kreuzung gibt es noch andere Formen mit rosa bis rosaroten Blüten.

R. x *glennyanum* ist ein kompakter Strauch, der jedes Jahr mit hellrosa, beinahe weißen Blüten treu im April blüht und sehr winterhart ist. 'Christmas Cheer' mit rosa und 'Lee's Scarlet' mit scharlachroten Blüten blühen etwa zur gleichen Zeit. Diese drei bilden gemeinsam eine sehr reizvolle Gruppe.

Es ist sehr auffällig, dass Winterblüher länger blühen als Frühjahrsblüher. Ist es Pflanzenweisheit oder Anpassungsfähigkeit, um die Chance auf eine Bestäubung zu vergrößern? Zu früh blühenden Rhododendren gehören sowohl Schneeheide als auch Schneeglöckchen oder Märzbecher, um die passende Atmosphäre zu schaffen.

Rechts *Salix caprea,* Salweide

Salix ✻ Weide

Für jeden Garten, wie klein er auch sein mag, gibt es eine geeignete Weide. Sollte sie doch größer als erwünscht werden, dann kann sie nach der Blüte zur Kopfweide oder noch kürzer zurückgeschnitten werden. Da sich die Pflanze durch Ableger vermehrt, blüht sie sehr schnell. In einem neuen Garten ist sie vielleicht die erste Pflanze, die uns mit ihren samtigen Kätzchen überrascht. Die meisten Weidenarten, mit denen wir vertraut sind, wachsen am liebsten in feuchtem Boden am Wasser, aber es gibt auch andere Arten wie die einheimische Sand-Kriech-Weide (*Salix repens*), die auf trockenem Boden in Heidegebieten vorkommt, und zwergwüchsige Kriechweiden in den Alpen. Auf den Alpenwiesen bedeckt *Dryas octopetala*, Silberwurz, die Hänge, während Weiden in den Niederungen wachsen.

Seit 1961 haben wir im Hemelrijk Essen entlang der Grenze zu den Niederlanden viele Arten Weide angepflanzt und viel Freude daran gehabt. Sie bilden einen breiten und langen Heckenrand. Die kahlen Zweige in allen Farben im Winter und die perlmuttartigen Kätzchen im März können die dunklen Tage aufhellen. Sehr frühe Arten wie *Salix aegyptiaca*, die Persische

Unten *Sarcococca ruscifolia,* Fleischbeere
Rechts *Skimmia japonica* (männliche Pflanze)

Weide, und die japanische *S. koriyanagi* könne erfrieren, bevor die gelben Staubgefäße zum Vorschein kommen. Der Duft der Kätzchen der *S. aegyptiaca* ist genauso herrlich wie der der einheimischen Salweide (*S. caprea*). Letztere wird schnell zu groß und eignet sich nicht für kleinere Gärten. Aber wenn die Staubgefäße ihre maximale Größe erreicht haben und die Staubbeutel beinahe bersten, gibt es keinen einzigen einheimischen Baum, der ihm in puncto Schönheit das Wasser reichen kann, nicht einmal die gelbe Kornelkirsche (*Cornus mas*). Heftiger Regen und schmelzender Schnee können den Spaß verderben. Jeden Tag müssen wir die Weiden anschauen und sie so viel wie möglich genießen. In Gärten stehen hauptsächlich männliche Exemplare, aber wo die Weide sich wild aussäen kann, sind weibliche Bäume mit ihren grünen Blütenständen ebenso schön. *S. gracilistyla* 'Melanostachys' hat dunkle, purpurrote, fast schwarze Kätzchen.

Sarcococca ❋ Fleischbeere

Wir haben die Fleischbeere aus Samen gezogen, die wir in einem Garten in der Camargue, der Gegend, wo die Stiere für die Corridas gezüchtet werden, gesammelt hatten. In einem sehr kalten Winter sind die Jungpflanzen zum Teil erfroren. Sie trugen winzige Blüten, die so durchdringend und herrlich dufteten, dass ich mich fragte, woher sie die Duftstoffe holten. Die cremeweißen Blüten mit rosa Staubfäden der *Sarcococca hookeriana* verstecken sich zwischen glänzenden schmalen Blättern. Eine Temperatur unter –20 °C, was hier selten vorkommt, überleben die meisten Fleischbeeren nicht.

S. ruscifolia ist im Arboretum Kalmthout nach einer strengen Frostperiode eingegangen. In einem Stadtgarten oder an einer geschützten Mauer steht sie gerne. Im Frühjahr können die Zweige, die geblüht haben, entfernt werden oder man lässt sie stehen, bis die Früchte reif sind. Auch unter Bäumen und größeren Sträuchern in humusreicher Erde gedeihen Fleischbeeren gut.

In China, wo zwei Arten *Sarcococca* in der Natur vorkommen, wird diese Pflanze bis zu 2 m groß. In Südfrankreich, wo ich sie zum ersten Mal sah, und bei uns wird sie bis zu 60 cm groß. *S. confusa* behält, wie übrigens alle Fleischbeeren, ihr Laub und hat ovale glänzende Blätter, verträgt Schatten und ist beispielsweise geeignet für eine niedrige Hecke im Vorgarten. Im Januar kommen die Blüten mit ihrem unübertroffenem Duft zum Vorschein, gefolgt von runden schwarzen Früchten. *S. hookeriana* 'Humilis' ist dicht verzweigt, zwergwüchsig und frostbeständiger. Die Pflanze bildet gute Seitentriebe und wird ein guter Bodendecker.

Die Engländer nennen diesen Winterblüher „Christmas Box", wörtlich übersetzt „Weihnachtsbuchsbaum". Das ist ausgesprochen passend. Das Schönste an dieser Pflanze ist ihr Duft. Sie ist im Garten eine relativ neue Pflanze und als Schnittgrün in der Gärtnerei ausgesprochen schön.

Skimmia ❋ Skimmie

Glaubt man den Gartenzeitschriften, ist die Skimmie wie geschaffen für kleinere Vorgärten, Balkonkästen oder Töpfe im Haus. Ich kenne eine ganz andere Skimmie. In meinem Garten wächst sie wie ein hochflorig glänzender Teppich unter der breiten Krone einer Zaubernuss. Beide wurden – grob geschätzt – vor 25 Jahren angepflanzt. Konnte ich ahnen, dass die Zaubernuss so breit werden würde und dass die drei armseligen Büschel Skimmie einen Durchmesser von mehr als 7 m bedecken würden? Im Dezember ist der Baum kahl und die Skimmie zeigt sich von ihrer besten Seite. Man sieht sowohl Büschel mit Blütenknospen als auch Trauben von feuerroten Beeren bei dem grün bleibenden lockeren Bodendecker. Ich habe nicht gewusst und mich auch nie gefragt, um welche Art oder Zuchtsorte es sich hier handelt. Erst jetzt habe ich richtig hingeschaut, geschnuppert und nachgeschlagen. Über Skimmien schreiben und nicht wissen, welche Pflanze im eigenen Garten steht, das ist doch unglaublich. Nicht dass jemand je danach gefragt hätte.

Im Arboretum Kalmthout verkümmerten Skimmien an einem Teich. Ich musste sie beseitigen, so gerne ich auch eine Sammlung Skimmien im Garten haben wollte. In den vergangenen Jahren habe ich es noch einmal probiert. In Kalmthout stehen sie frisch und entzückend zu Füßen einer roten Zaubernuss. Aber im Hemelrijk Essen gedeihen sie nicht. Nehmen sie mir den strengen Auftritt von damals immer noch übel? Die bewusste Pflanze ist eine *Skimmia japonica*, eine bei uns winterharte Art. Sie ist zweihäusig und hat nicht nur Blüten, sondern auch zierliche Früchte, die lange an der Pflanze hängen. Beschädigte Blätter duften wie Apfelsinenschalen, die kleinen gelblichen Blüten wie Zitronen. Die sechs in der Natur vorkommenden Arten kommen aus China, Japan, Taiwan und von den Philippinen. Sie sind meistens männlich oder weiblich. Wer Skimmien wegen ihrer Winterknospen und den duftenden Blüten haben will, sollte besser eine männliche Pflanze wählen. Wer lieber Beeren haben möchte, nehme eine weibliche Pflanze. Man muss aber verstehen, dass eine männliche Pflanze in der Gegend stehen muss, um eine Bestäubung und einen Fruchtansatz sicherzustellen. Außerdem muss man erwähnen, dass die Beeren giftig sind.

Unter den Kultivaren sind einige, die besonders schön duften: 'Fragrant Cloud' und 'Kew Green', gute Bestäuber. Rote Knospen haben die männlichen 'Rubella' und 'Rubinetta', weiße Beeren 'Kew White'.

Rechts *Stachyurus chinensis* 'Celina'

Stachyurus ✻ Perlschweif

Auf meiner Reise durch Japan 1999 hatte ich das Glück, in der Gegend von Nagoya auf 700 m Höhe *Stachyurus praecox*, den Japanischen Perlschweif, in voller Blüte zu sehen. Wir waren in dem Dorf Tsumago. Die meisten Häuser stammen aus dem 18. Jahrhundert und sind aus dem Holz der Zelkove gebaut. Die Bewohner leben hauptsächlich von der Holzbearbeitung. In kleinen Geschäften kann man schöne Holzarbeiten finden, die nach alten Traditionen hergestellt sind – wunderschön, aber auch sehr teuer. An einem steilen Abhang in einer Schlucht stand eine Reihe strauchartiger Bäume (5–6 m), die schlanke gelbgrüne Blütenähren trugen. Unser ehemaliger Praktikant Mikinori Ogisu holte uns mit dem Auto ab. Er erzählte dem Züchter, der ihn begleitete, dass er Jahre zuvor Samen des *Stachyurus* gesammelt und an Freunde in Europa verschenkt hatte. Auch wir gehörten zu den privilegierten Freunden. Ich erinnere mich an die Samen: klein, abgeplattet, cremefarben. Wir haben die Jungpflanzen zwischen die Mahonien 'Hivernant' an die Außenseite des Mauergartens im Hemelrijk Essen gepflanzt. Zu meiner großen Überraschung trugen schon nach wenigen Jahren die ersten Blütenähren Knospen. Es gab sogar einige Früchte. Heutzutage sind es stattliche Pflanzen, eine schöner und stärker als die andere. Die eine blüht früher, die andere später. Auch die Länge der Ähren unterscheidet sich, aber sie sind kürzer als die des *Stachyurus chinensis* (Chinesischer Perlschweif). Im Jahre 1999 war ich nicht zu Hause, als sie blühten, aber im Februar / März des darauf folgenden Jahres wurde ich mehr als entschädigt. Aufgrund des milden Winters war die Blüte überwältigend.

Ein anderer Name für den Perlschweif ist Schweifähre, aber sie blühen eher in Trauben als in Ähren. Die schlanken Trauben hängen wie Perlenketten an purpurbraunen, unbelaubten Zweigen, die zierlich überhängen. Die Blüten sind wie wächserne kugelrunde Perlen, nicht viel größer als ein Pfefferkorn. Schon im Oktober haben die Trauben ihre volle Länge, aber die Blüten entfalten sich erst allmählich im Februar / März, etwas später als die Zaubernüsse und etwas früher als die Forsythien – allerdings ist darauf kein Verlass. Der Perlschweif ist winterhart, aber ein geschützter Standort ist für ihn kein überflüssiger Luxus. In der Nähe eines Hauses fühlt er sich sicher vor Nachtfrösten. Jungpflanzen können erfrieren, sich aber auch wieder erholen. Heftiger Wind kann ebenfalls ein Problem sein. Wenn die Trauben durcheinander geweht werden, kann es geschehen, dass sie beschädigt oder sogar abgerissen werden. Da der Perlschweif in dem Ruf steht, bei uns nicht winterhart zu sein, ist er bisher nur in Spezialgärtnereien zu bekommen. Er verdient allerdings mehr Bekanntheit und Sympathie in der Gartenwelt.

Von den acht bis zehn Arten *Stachyurus*, die in der Natur in Nepal, China, Taiwan und Japan vorkommen, gibt es nur zwei Arten, die in unserem Klima für den Garten geeignet sind: *Stachyurus praecox* und *Stachyurus chinensis*. Sie sind eng miteinander verwandt und in der Natur schwer zu unterscheiden. Beide sind winterhart.

Stachyurus praecox wird hier bis zu 3 m hoch. Die Trauben sind 4–8 cm lang und haben 10–25 Blüten, von zart- bis buttergelb. *S. p.* var. *matsuzaki* hat kürzere Trauben mit größeren, tiefgelben Blüten und ist weniger winterhart. Diese Art wächst auf der Insel Kyushu. Es gibt auch eine neuere niederländische Sorte 'Petra' mit hellgelben Blüten. Die Blüten von einer unserer Perlschweif-Pflanzen haben einen korallenartigen Schimmer. Daran zeigt sich noch einmal die Vielfalt der Sämlinge. Die Blätter können sich außerdem im Herbst in verschiedenen Rottönen verfärben.

Rechts *Viburnum bodnantense* 'Deben'

Stachyurus chinensis hat Blütentrauben, die über 20 cm lang werden und bis zu 60 zartgelben Blüten tragen können. Die Sorte 'Celina' ist eine Selektion von de Belder (Arboretum Kalmthout), die von einem niederländischen Züchter ihren Namen bekam. Die Originalpflanze ist ein Prachtexemplar und wächst an der Gartenmauer im Hemelrijk Essen, in der Gesellschaft von robusten Mahonien, die etwa gleichzeitig blühen. Der Perlschweif kommt in der Natur bis zu einer Höhe von 3100 m vor. Auf 600 m Höhe wachsen *S. chinensis* und *S. obovatus*. Dann folgen *S. salicifolius*, *S. yunnannensis* und *S. retusus* und auf der höchsten Höhe *S. chinensis* var. *cuspidatus*. Diese Informationen bekam ich kürzlich von Mikinori Ogisu, allerdings muss der Perlschweif noch weiter erforscht werden.

Viburnum tinus, Immergrüner Schneeball

VIBURNUM ✻ SCHNEEBALL

Der Schneeball ist ein bekannter und beliebter Gartenstrauch, aber die meisten Arten blühen im Frühjahr und Sommer. *Viburnum farreri* (syn. *fragrans*), der Duftende Schneeball, kommt aus China (Gansu) und ist eine Ausnahme. Er ist ein wenig bekannter sommergrüner Strauch. In nicht zu strengen Wintern blüht er an den kahlen Zweigen in pyramidenförmigen Dolden aus rosa Blüten, die köstlich duften. Manchmal blühen sie bereits im November.

Der japanische *V. furcatum* trägt im März wie der einheimische Gewöhnliche Schneeball (*V. opulus*) schirmförmige Dolden. Die großen behaarten Blätter haben die Farbe von Schokolade. Ich habe diese Pflanze in Japan in einem Tal wachsen sehen, wo die Baumstümpfe und die Felsen mit Funkien bedeckt waren. Auf dem Moosteppich lag eine schwarze Frucht, für mich ein Geschenk des Himmels. Im Hemelrijk Essen ist

Viburnum furcatum, Japanischer Schneeball

diese Art im humusreichen Boden sehr glücklich. Aus Kaschmir brachten wir einen Sämling vom *V. grandiflorum* mit. Von dieser Pflanze haben wir fortwährend Zweige zur Vermehrung geschnitten. Diese Art wurde 1914 in England eingeführt, aber auf dem Festland habe ich noch nie ein Exemplar gesehen. *V. tinus*, der Immergrüne Schneeball, kommt aus Südeuropa. In einem milden Klima, aber auch wenn er hier sonnig genug steht, hat dieser kompakte Strauch weiße, sternförmige Blüten in geschwungenen Dolden. Er blüht zwischen Herbst und Frühjahr, sodass es am Ende des Winters sowohl Blüten als auch metallblaue Früchte gibt. 'Eve Price' und 'Gwenilian' sind sehr schöne Sorten.

Die bekannteste Art ist die Hybride *V.* x *bodnantense* (*V. farreri* x *grandiflorum*), die in den dreißiger Jahren aus England kommend die Gärten eroberte. Vor allem die Sorten 'Dawn' (rosa), 'Deben' (hellrosa bis weiß) und 'Charles Lamont' (rote Knospe und rosa Blüten) sind aus zwei Gründen besonders ansprechend: Sie blühen im Winter und sie duften herrlich nach Honig. Die ersten Blüten öffnen sich schon im Oktober und November. Das sind aber erst die Vorläufer, die meisten Knospen warten ab, bis sie an der Reihe sind. Wenn das Wetter mitspielt, stehen sie im Januar / Februar in voller Blüte und dann wird es bis Mitte März ruhiger. Aber wenn es in der Zeit stärker friert, verschrumpeln die Dolden zu braunen Kugeln und dann tut man gut daran, sich nicht zu ärgern.

Im Mauergarten von Hemelrijk Essen gibt es einen schmalen Pfad, auf dem man durch die Sträucher laufen kann. Im Herbst streift man links eine Ölweide und rechts einen Schneeball. Zwei Blütendüfte begegnen sich. Welchen zieht man vor? Es ist nicht so gedacht, dass man die Blüten für einen Strauß pflückt, aber man kann wegen des Duftes einige Zweige ins Haus holen. In einem geschlossenen Raum, wo es nicht allzu warm ist, öffnen sie sich noch weiter und parfümieren wochenlang das Zimmer. Der Weihnachtsbaum symbolisiert den Winter, ein Schneeballstrauß den Frühling.

Im Landklima wartete der Schneeball den Frühling ab, bevor er blüht. Im rauen Klima von Peking habe ich die Pflanze nicht entdeckt, auch wenn sie in China verehrt wird und man alles tut, um die Knospen gegen den Frost zu schützen.

Vinca ✳ Immergrün

Im Mauergarten von Hemelrijk Essen blüht schon im Januar ein Immergrün mit kleinen weißen Blüten und frischen grünen Blättern, *Vinca minor*, das Kleine Immergürn 'Grüner Teppich'. Es ist ein guter Bodendecker unter Bäumen und Sträuchern, das über alle Hindernisse hinweg wächst und sie „mit dem Mantel der Liebe bedeckt". Etwas später bemerke ich, dass auch das Große Immergrün, *Vinca major*, hier und dort seine blauen Blüten sehen lässt. Von beiden Arten gibt es Gartensorten: mit bunten Blättern, mit doppelten Blüten, entweder lila oder rosarot, Zwergformen ... Und es kommen immer noch neue Kultivare in den Handel. Diese kriechende, immergrüne Pflanze lässt sich durch nichts aus dem Takt bringen, außer durch Efeu, der noch stärker ist.

In Slowenien wächst Immergrün, das am längsten blüht, zusammen mit dem rosa Lerchensporn, gefolgt von weißen Buschwindröschen sowie rosa und blauem Lungenkraut.

Rechts *Vinca minor,* Kleines Immergrün

Teil 2

Stauden, Zwiebel- und Knollengewächse

Anemone ✻ Anemone

Es gibt späte und frühe Anemonen. Man kann es auch so sagen: Einige blühen am Anfang des Winters, einige am Ende. Nur im Dezember finden wir im Garten keine Anemonen.

Die Herbstanemonen, auch Japanische Anemonen genannt, beginnen schon Ende September zu blühen und blühen, bis es ziemlich kalt ist.

Anemone tomentosa 'Albadura' kommt aus China. Sie pflanzt sich durch Rhizome fort, blüht blassrosa und eignet sich für sonnenarme Stadtgärten. Ihr Pluspunkt: Kaninchen mögen sie nicht. *A. hupehensis* wird 40–90 cm hoch und blüht an hohen Stängeln in rosa Büscheln von etwa 15 Einzelblüten. 'September Charm' ist eine wertvolle Gartensorte dieser Art. *A.* x *hybrida* wird noch größer (bis 1,5 m) und hat weiße Blüten. 'Honorine Jobert' und 'Hadspen Abundance' sieht man regelmäßig in Gärten. Letztere passt gut zu lila Astern, rosa Buschmalven und Fetthennen.

Ab Februar suche ich nach blauen *A. apennina*, Italienisches oder Apenninen-Windröschen genannt. Es hat knollige Rhizome und eignet sich für die Verwilderung an leicht schattigen Orten unter Bäumen und

Links *Anemone pulsatilla,* Küchenschelle
Rechts *Anemone blanda*

Sträuchern. Das bekannte weiße Buschwindröschen, *A. nemorosa*, blüht im Februar / März / April. Diese teppichbildende Art wächst gern in einem nicht zu dunklen Waldgarten, am liebsten unter Buchen oder am Rand eines Waldes auf humusreichem Boden. Es gibt mehrere Kultivare: 'Alba Plena' (gefüllte weiße Blüten), 'Caerulea' (blau), 'Allenii' (lavendelblau). 'Robinsoniana' hat größere zartblaue Blüten auf einem Teppich aus tiefgrünen glänzenden Blättern. *A. blanda* folgt kurz darauf mit violettblauen Blüten. 'White Splendour' ist eine weiße Variante. Ebenso wie *A. apennina* kann *A. blanda* im Halbschatten oder in einem Steingarten gedeihen. *A. ranunculoides* hat goldgelbe Blüten und blüht im März / April. Sie ist eine Waldpflanze eurasischer Herkunft. Wie alle frühen Anemonen wächst sie niedrig. Die zwei, auf die ich nicht verzichten möchte, sind: die weiße Herbstanemone und das Buschwindröschen.

Arabis ✳ Gänsekresse

Im Januar / Februar hängt ein grüner Wasserfall aus dünnen, fast kahlen Stielen mit weißen Miniaturblüten an den Enden über der holprigen Steinpartie am Haus im Hemelrijk Essen. Es ist *Arabis procurrens*, eine Polsterstaude aus den Bergen Südosteuropas. Sie ist eine Variante der bekannten Kaukasischen Gänsekresse, *Arabis caucasica*, einem Bodendecker, der im Februar / März strahlend weiß blüht. 'Schneehaube' ist eine sehr kompakte Form dieser Art und die doppelt gefüllte 'Plena' blüht etwas später, meist an niedrigen Mauern im Vorgarten oder traditionsgemäß als Randbepflanzung von Blumenbeeten.

Aralia ✳ Angelkabaum

Aralia cordata, der Herzförmige Angelikabaum, ist die Letzte der krautartigen Aralien, die im Hemelrijk Essen blühen. Im Oktober blüht sie am Rande eines Teiches mit zierlich überhängenden cremefarbenen Dolden. Gleichzeitig gibt es schon einige reife Früchte wie winzige schwarze Perlen an der Art, die daneben steht, dem Amerikanischen Angelikabaum (*Aralia racemosa*). Auf dem Blumenmarkt in Aalsmeer (Niederlande) werden seit kurzem die Blüten zum Kauf angeboten und Züchter haben zunehmend Interesse an dieser Pflanze.

Aralia cordata ist eine große Staude (auf Japanisch „udo"), die sehr beliebt ist und als Gemüse gegessen wird. Die jungen Triebe sind eine Delikatesse. Sie werden wie Spargel zubereitet und daher auch „japanischer Spargel" genannt. Im frühen Frühjahr wird dies Gemüse auf den lokalen Märkten angeboten, zusammen mit einem anderen bekannten Frühgemüse, der Japanischen Pestwurz (*Petasites japonica* var. *giganteus*). Hier handelt es sich aber nicht um die jungen Triebe, sondern um die Blütenknospen, die geerntet werden, sobald sie aus der Erde kommen.

Bellis ✳ Gänseblümchen

Gänseblümchen oder Maßliebchen. Nur wenige Pflanzen werden mit so viel Zärtlichkeit angesprochen. Und ich kenne keine einzige Blume, auf die kleine Mädchen so versessen sind wir auf diesen bescheidenen Strahlenkranz. *Bellis perennis* ist nicht nur eine niedrige Pflanze, sie ist auch unglaublich tapfer und stark. Überleben heißt die Devise, auch im härtesten Winter. Schon bei den ersten flüchtigen Sonnenstrahlen im Januar werden die Gänseblümchen wach. Wenn es taut, kommen die Blüten aus dem Schnee zum Vorschein, ein bisschen blass und zerknittert, aber voller Mut.

Im April / Mai, wenn sie am schönsten blühen, wünsche ich heimlich, dass der Rasenmäher ein paar Wochen kaputt ist, damit ich dieses Frühlingsbild länger genießen kann. Aber selbst wenn der Rasenmäher die Köpfe abgemäht hat, gibt das Gänseblümchen den Kampf nicht auf. Innerhalb kürzester Zeit entfalten sich neue Blüten.
Das Gänseblümchen ist eine Trittpflanze und kann sich an den schwierigsten Orten behaupten, auch zwischen Steinen und im Kies. Als geborene Wiesenpflanze lässt die Wurzelrosette viel über sich ergehen (auch wortwörtlich, ob es nun grasende Kühe, spielende Kinder oder Rasenmäher sind). Die Samen keimen besonders schnell, schon nach vier bis fünf Tagen, außerdem vermehrt sich die Pflanze aus kleines Stücken von Rhizomen, die sich lösen, wenn man auf die Pflanze tritt oder sie jätet. Einfach unverwüstlich. Nicht alle Gärtner finden, dass das ein Vorteil ist.

Aralia racemosa, Amerikanischer Angelikabaum

Dass das Gänseblümchen eng mit unserer Kultur verbunden ist, zeigt sich an der Namengebung. Es gibt so viele verschiedene Bezeichnungen für das Gänseblümchen: Marienblümchen, Maßliebchen, Tausendschön ...

Oben *Bellis perennis,* Gänseblümchen
Rechts *Bergenia omoiensis,* Bergenie

Bergenia ✻ Bergenie

Bergenia cordifolia, die Altai- oder Herzblatt-Bergenie, sieht man in vielen Gärten. Aufgrund ihres kräftigen Wurzelstocks kann sie viele Jahre an der gleichen Stelle wachsen. Im März geben die rosa Dolden dem Garten schon etwas Farbe. Dennoch ist sie in erster Linie eine Blattpflanze.

Es gibt mehrere Hybriden der *B. cordifolia* mit Blüten in verschiedenen Schattierungen von Rosa und Lila. Weiß gibt es auch. Die Blüten der Hybride 'Silberlicht' sind fast weiß mit einem rosa Schimmer und einem dunkeln Kelch. Die Stiele sind rotbraun. Sie steht besonders dekorativ in einem Hochbeet. Indem man sie schützt, verhindert man, dass die ersten Blüten unter Frost leiden müssen. Bergenien sind manchmal zu ungeduldig! 'Margery Fish' ist sehr früh, 'Morgenröte' blüht im Februar / März und noch einmal im Juni.

Bergenia ciliata, die Kaschmir-Bergenie, ist eine sehr imposante Erscheinung. Sie verliert im Winter die Blätter, die „bewimpert" – mit kurzen blassen Stoppelhaaren besetzt – sind. Sie ähneln den Blättern der Ochsenzunge. Wenn es mild ist, blüht sie schon im Februar. Ganz winterhart kann man sie nicht nennen. Die jungen Blätter können erfrieren, aber die Pflanze kann einen zweiten Austrieb hervorbringen. In einem ungeheizten Wintergarten braucht man keine Frostschäden zu befürchten. Die glockenartigen Blüten kommen kurz vor oder gleichzeitig mit den Blättern. Sie ist ein geeigneter Bodendecker und zusammen mit Anemonen, Lungenkraut und Farnbüschen sehr attraktiv.

Die chinesische *Bergenia omoiensis* ist wintergrün, blüht Ende März und hat rote Stiele. Erst hängen die Blüten, aber dann richten sie sich auf und schauen einen an. In China werden immer noch neue Bergenien-Arten entdeckt. Die Gattung kommt in einem großen Gebiet vor, das sich vom Himalaja bis nach Kaschmir erstreckt.

Cardamine ✻ Schaumkraut

Cardamine pratensis, das Wiesen-Schaumkraut, ist eine unserer schönsten einheimischen Wiesenpflanzen. Sie blüht im April – etwas zu spät, um in dieses Buch Aufnahme zu finden. Gerne stelle ich aber eine früher blühende Art vor: das wintergrüne Kleeblättrige Schaumkraut, *Cardamine trifolia*, das aus Osteuropa stammt.

Bei einem Besuch bei Zinka Ziveç, meiner slowenischen Gartentochter, lernte ich zwei besondere Pflanzen kennen: *Hacquetia epipactis*, die Schaftdolde, und *Cardamine trifolia*. Beide gedeihen unter den gleichen Bedingungen. Diese Schaumkraut-Art ist ein langsam wachsender Bodendecker mit dunkelgrünen dreiteiligen Blättern. Im März hat sie weiße Blumenbüschel an aufrechten Stielen. Sie wächst gerne in einem schattigen Steingarten oder am Waldrand. In einer losen Laubschicht bilden die Wurzeln ein dichtes Gewebe. Sie ist der ideale Begleiter für kleine Zwiebelgewächse, da Unkraut nur schwer durch den Wurzelfilz dringen kann.

Die Pflanze lässt sich leicht vermehren, indem man die Wurzeln auseinander reißt und sie in lockere Erde pflanzt. In fest getretener oder angedrückter Erde gedeiht sie nicht gut. Das fand ich im Arboretum Kalmthout heraus, wo *Cardamine trifolia* unter den Sumpfzypressen wuchs. Leider ist sie eingegangen. Zufall oder nicht, das Gleiche passierte der Schaftdolde.

Zwanzig Jahre später machte Zinkas Tochter bei uns ein Praktikum und besorgte mir diese beiden Pflanzen aufs Neue. Inzwischen habe ich meine Lektion gelernt. Ein anderes schönes Schaumkraut ist *Pachyphragma macrophyllum*, das Großblättrige Scheinschaumkraut, aus der Türkei, auch ein Kreuzblütler mit größeren weißen Dolden und frischgrünen Blättern. Es ist ein guter Bodendecker für schwereren Boden, aber noch wenig bekannt.

Chionodoxa ✻ Sternhyazinthe

Die Sternhyazinthe – auch Schneestolz genannt – wächst im Arboretum Kalmthout zusammen mit Blaustern unter einer prächtigen Hainbuche (*Carpinus tschonoskii*). Der Baum ist noch kahl, wenn zu seinen Füßen der Boden schon mit dem frischen Blau der Zwiebelgewächse, die nicht größer als 10 cm werden, besprenkelt ist: Sternhyazinthe mit silbrig hellblauen Blüten und Blaustern eine Nuance dunkler. Der Boden ist bestreut mit leuchtenden blauen Schuppen – wie Silberfäden in einem kostbaren Stoff.

Chionodoxa forbesii (syn. *luciliae*, syn. *gigantea*), die Gewöhnliche Sternhyazinthe, kommt aus Kleinasien und ist ein problemloses Zwiebelgewächs, für die Verwilderung geeignet und einfach zu bekommen. Sie kann einen ganzen Rasenplatz auffrischen. Sie blüht am Ende des Winters mit sternförmigen hellblauen Blüten, manchmal mit einen weißen Auge. 'Alba' hat weiße, 'Rosea' violettrosa Blüten.

C. sardensis, die Dunkle Sternhyazinthe, kommt aus dem anatolischen Gebirge und hat enzianblaue Blüten mit einem weißen Herzen. Stecken die Zwiebeln erst einmal in der Erde (8 cm tief), will die Sternhyazinthe in Ruhe gelassen werden, sodass sie wurzeln und sich am Waldrand oder auf einer Lichtung spontan vermehren kann. In kleineren Gärten kann ein sonniger Ort ausreichen, um dieses Zwiebelgewächs zu kultivieren. Selbst ein Topf auf der Terrasse reicht dafür aus.

Auf der Early Spring Show in London werden dem Gartenpublikum jedes Jahr die neuen Züchtungen vorgestellt: Anemonen, Blausterne, Sternhyazinthen, Winterlinge, Puschkinien und unzählbare andere Zwiebelgewächse – eins lieblicher als das andere.

Rechte Seite *Chionodoxa,* Sternhyazinthe

Cimicifuga * Silberkerze

Wenn Ende November im Mauergarten vom Hemelrijk Essen die Silberkerzen schon eine Weile verblüht sind, gibt es noch ein Exemplar, das in voller Blüte steht. Wie ein vielarmiger Leuchter erhellt es den Garten mit märchenhaften weißen Blütenständen, die etwas überhängen. Es ist eine hohe Pflanze (1–1,5 m) mit nicht allzu langen Kerzen. In der Dämmerung sind sie wie Ballett-Tänzerinnen, die mit den Armen über dem Kopf über die Bühne schweben.
Was ist das nur für eine wunderliche Pflanze? *Cimicifuga simplex* 'White Pearl', ein Kultivar für den Wunschzettel. Die Blüten haben einen ausgesprochen feinen Duft und ziehen viele Insekten an, auch zu später Tageszeit. Alle Silberkerzen – außer der sehr früh blühenden *C. foetida* – duften. Was hat diese Art nur verbrochen, dass sie mit einem so unangenehmen Geruch bestraft wurde?
Spät blühende Silberkerzen, blühende amerikanische Zaubernüsse und Duftblüten bilden ein Trio mit einer herrlichen Duftpalette, ein Leckerbissen auf einem abendlichen Herbstspaziergang.

COLCHICUM ❋ ZEITLOSE

Wir kennen hauptsächlich die Herbstzeitlose (*Colchicum autumnale*), zu Unrecht auch Herbstkrokus genannt. Die Ähnlichkeit mit dem Krokus ist frappierend, aber botanisch gesehen sind es zwei unterschiedliche Pflanzenfamilien. Der Unterschied liegt in der Anzahl der Staubfäden: Zeitlose haben sechs, Krokusse drei. Es gibt etwa 40 Arten Zeitlose, darunter auch Frühblüher. Die Pflanze kommt in Europa und Asien in einem riesigen Gebiet vor: von Portugal bis zum Himalaja, von Turkestan nach Süden bis nach Djidda (Arabien) und Nordafrika.
Was die Blütezeit betrifft, gibt es große Unterschiede. Zehn der zwölf Monate im Jahr blüht irgendwo eine wilde Zeitlose. Nur im Juli und August nicht. Und damit ist noch nichts über die Farbe und Zeichnung der Blüten gesagt. Es gibt lila, rosa, weiß, aber auch gelb und orange. Die Kronblätter können einfarbig oder gestreift sein oder ein Schachbrettmuster haben, wie wir es von der Schachbrettblume (*Fritillaria*) kennen. Bei der einen Art wächst nur eine einzige Blüte aus der Knolle, bei anderen sind es mehrere. Es scheint, als sei alles möglich. Zeitlose kommen sowohl auf trockenem Kies als auch auf schwerem und feuchtem Lehmboden vor. Die Blüten kommen plötzlich ohne Blätter aus dem kahlen Boden zum Vorschein.
C. autumnale und viele großblütige Sorten dieser Art blühen im September / Oktober. Die Blätter kommen erst ein halbes Jahr später im Frühjahr. Sie werden dann so riesig, dass sie den Platz von anderen Frühjahrsblühern einnehmen. Man sollte die Blätter nicht entfernen. Daher ist der Gärtner, der sparsam mit

Links *Colchicum autumnale,* Herbstzeitlose
Rechte Seite links oben *Corydalis solida*
Rechts oben *Corydalis ochroleuca*
Unten *Corydalis cashmeriana*

seinem Platz umgehen muss, nicht geneigt, Zeitlose anzupflanzen. Aber zu Füßen eines Strauches kann es eigentlich keine Probleme geben. Oder wäre der Grund, dass Zeitlose giftig sind? Oder weil Schnecken sie lieben?
Für die seltene weiße Zeitlose (*Colchicum speciosum* var. *album*) lohnt es sich eher, einen geeigneten Standort zu finden. Sie blüht im September / Oktober. Im Arboretum Kalmthout werden diese Juwele regelmäßig gestohlen. Sie müssen also sehr verführerisch sein. Eine andere Sorte dieser Art, 'Conquest', ist dunkelrosa.
Für den Herbst gibt es *C. giganteum*, die im Oktober / November blüht, und *C. lusitanicum* – beide sind gute Gartenpflanzen – und zwei Arten für das Kalthaus: *C. stevenii* und *C. luteum*. Im Jahre 1996 bekam die spektakuläre Kreuzung 'Waterlily' mit doppelt gefüllten rosa Blüten eine Auszeichnung der RHS. Für das frühe Frühjahr: *C. regelii* und *C. robustum* für draußen sowie *C. hungaricus* fürs Kalthaus.

Corydalis ✳ Lerchensporn

Der Gefingerte Lerchensporn, *Corydalis solida*, ist eine Waldpflanze. Er wächst an feuchten, kühlen Abhängen und an leicht schattigen Orten in Wäldern und Parks. Er wächst in Gärten gerne in Gesellschaft von Taubnessel (*Lamium*), Nieswurz (*Helleborus*) und Küchenschelle (*Pulsatilla*), die mit etwas Glück gleichzeitig blühen. Die Blüte beginnt schon im Februar / März. Die Blüten mit Sporn sind mattrosa und liegen auf einem Bett aus zartgrünen Blättern. *Corydalis*-Freunde aus England sammelten in der Natur verschiedene Samen dieser Art.
Der Lerchensporn ist eine dankbare Pflanze für die Verwilderung in einem Waldgarten, aber man bekommt ihn nicht überall. Man kann ihn sowohl mit Samen als auch durch Teilung der Knollen vermehren. Es ist jedoch nicht leicht, die Knollen in den Ruhezeiten zu finden, wenn die oberirdischen Teile abgestorben sind. Außerdem ist der Samen nicht lange keimfähig. Er muss unmittelbar gepflanzt werden, wenn er reif ist. Arten und Sorten können untereinander leicht gekreuzt werden, sodass zahlreiche Zwischenformen entstehen.
Im Handel wird eine neue Art *Corydalis cashmeriana* aus dem Himalaja angeboten. Er blüht blau, ist aber bei uns nicht vollständig winterhart. Ich habe diese Pflanze leider verloren. *C. cheirantifolia* blüht im März.

Crocus ✳ Krokus

Crocus sativus, den Echten Safran, kennen wir als Gewürz, als Medizin und als Farbstoff. Diese Art kann hier nicht gedeihen. Er wird vor allem in Spanien angebaut, aber auch an anderen Orten, wo es warm ist, beispielsweise in Indien. Und trotzdem wurde diese Krokusart vor 125 Jahren in England angebaut, in einem Ort namens Saffron Walden bei Cambridge, einem Zentrum der Wollindustrie. Moderne Farbstoffe machten die Safranzucht überflüssig. Wenn der Safrankrokus in England gedeihen konnte, warum dann nicht auch auf dem europäischen Festland in einem atlantischen Klima? Eine Frage, die mich reizt. Und auf einem Hochbeet in der Sonne, sollte es dort nicht gelingen? Wie auch immer, auf den Safrankrokus müssen wir (vorläufig) verzichten, aber was die Gartenkrokusse betrifft, werden wir ausgesprochen verwöhnt. Die Auswahl ist riesig. Die Kataloge werden immer dicker, das Angebot in Gärtnereien und Gartenzentren immer größer.
Ein paar Krokusse im Vorgarten oder im Steingarten – ein freundlicher Gruß der Bewohner: Der Frühling kommt! Aber die allerfrühesten sind in Wirklichkeit Winterblüher. Der weiße *Crocus sieberi* 'Bowles White' und andere Kultivare dieser Art blühen im

Kalthaus noch vor den Schneeglöckchen. *C. versicolor* 'Picturatus' ist weiß und purpurfarben, *C. angustifolius* goldgelb. *C. vernus* ist der wilde Krokus aus den Alpen und Pyrenäen, wo er an sonnigen Waldrändern bis zur Schneegrenze in großen Gruppen wächst. Bei uns pflanzt er sich nicht spontan fort, in Kultur werden diese Art und ihre vielen Gartenhybriden schon seit dem 16. Jahrhundert mit Erfolg vermehrt. Man spricht über die holländischen Gartenkrokusse, die durch Kreuzung und Selektion aus der ursprünglichen Art entstanden sind. Ich sah diese Art zu Tausenden in freier Natur in Slowenien wachsen, manchmal auch in Gärten. Hier werden die Pflanzen von Spatzen und/oder Mäusen aufgefressen. In Ormiz nahe Zagreb sah ich ihn Anfang März mit anderen Arten, deren Namen ich (noch) nicht kenne. Es gibt noch mehr Krokusse, die noch nicht beschrieben worden sind. Und dann gibt es die weniger bekannten Spätblüher, die Herbstkrokusse (nicht zu verwechseln mit der Herbstzeitlose, *Colchicum autumnale*). *Crocus speciosus* ist der Erste in der Reihe. Die Blüten wärmen sich in der Herbstsonne und beginnen fast zu strahlen. Im Botanischen Garten von Oxford sah ich diesen Krokus im dürren Gras unter Magnolien blühen. Im Hemelrijk Essen habe ich sie ohne Erfolg gepflanzt, aber ich will

Oben *Crocus spec,* Krokus

es noch einmal probieren. E.A. Bowles schreibt in seinem Buch „My garden in autumn and winter“ (1915), dass diese Art sich lange in einem Garten halten kann und auf die Dauer ebenso wie Giersch unausrottbar wird. *C. s.* 'Artabir' ist blassblau und duftet. 'Conqueror' ist blau und blüht im November / Dezember. *Crocus niveus* braucht Schutz. Er ist eine Pflanze für das frostfreie Kalthaus und der schönste weiß blühende Krokus im Herbst. *Crocus banaticus* (syn. *byzantinus*) blüht im November. Er wächst im Nordosten des ehemaligen Jugoslawien. Die inneren Blütenblätter sind viel kürzer als die äußeren, sodass man ihn zu den Iris zählt. 1992 fand man im Taurusgebirge den Herbstkrokus *C. mathewii*, benannt nach Brian Mathew, dem Autor einer neueren Monografie über Krokusse. Die Blüte ist weiß mit einer auffällig violetten Röhre. Der mauvefarbene *Crocus tommasinianus*, der Dalmatiner Krokus, ist für die Verwilderung am geeignetsten. Die Pflanze verbreitet sich spontan aus Samen, zumindest andernorts, weil von Verwilderung im Arboretum Kalmthout und im Hemelrijk Essen nicht die Rede sein kann. In England gibt es dagegen riesige hellviolette Flecken auf dem Rasen! Die Sämlinge kommen im Februar / März zum Vorschein. 'Ruby Giant', 'Whitewell Purple' und 'Barr's Purple' sind drei charmante Sorten dieser Art.

Crocus laevigatus blüht manchmal im November, häufiger aber im Dezember / Januar. *C. l.* 'Fontenayi' nennt man zurecht Weihnachtskrokus. Wenn es nicht friert, können wir Weihnachten einige Blumen pflücken. Dasselbe gilt für *Crocus imperati*. Auch wenn diese Arten winterhart sind, können etwas Schutz oder eine Glasglocke nicht schaden. *Crocus chrysanthus* blüht im Januar / Februar. Die Blüten ware ursprünglich gelb, aber in Kultur gibt es zahlreiche Farben. E.A. Bowles zog sie aus Samen und gab ihnen Vogelnamen. Die Farbe der Kultivare geht von cremefarben bis leuchtend orange mit dunkelroter Zeichnung. Wir haben 'Cream Beauty', 'Goldilocks', 'Prinses Beatrix' und 'Blue Pearl' ausgewählt.

Häufig bleibt es im Garten bei einigen farbenfrohen Gruppen. Selten sieht man einen Krokus, der sich frei ausbreiten konnte oder durfte. In Rabatten werden sie verdrängt oder gestört. Auf einem kurz gehaltenen Rasen werden die Krokusblätter zu früh abgemäht, sodass die Knollen verkümmern. Vor Ende Juni darf nicht gemäht werden, wenn man ein Krokusfeld haben möchte, und das ist für die meisten Gärtner undenkbar. Und dann gibt es noch die Tiere (Mäuse, Vögel, Maulwürfe, Schnecken), die die Knollen mögen und uns den Spaß verderben. Das sind nun einmal die Risiken, mit denen Gärtner leben müssen!

Cyclamen ⁕ Alpenveilchen

In seinem Standardwerk „Guide to bulbs" beschreibt Patrick M. Synge die Alpenveilchen mit so viel Enthusiasmus, dass jeder Gartenbesitzer dieses Zwiebelgewächs – die Zwiebel ist in diesem Fall eine abgeplattete Knolle – anpflanzen will. Ich stimme vollkommen mit ihm überein. Im dem Park rund um das Haus des Arboretums Les Barres in Südfrankreich stand ich voller Bewunderung vor einem Teppich aus Herbst-Alpenveilchen. In der Natur wächst diese Art an der dalmatinischen und italienischen Küste im tiefen Schatten der Wälder. Ich besuchte in Rom einen Waldgarten, in dem der Gehölzunterwuchs entfernt worden war. Die Alpenveilchen hatten sich auf einem Bett aus vemoderndem Laub ausgebreitet und wuchsen zwischen Gräsern und Kräutern. Alpenveilchen gedeihen in Kalkboden, aber zu meiner Überraschung auch in einem Park auf 500 m Höhe in sehr saurer Erde in Morvan, wo es kälter und feuchter ist als bei uns. Der alte Name *Cyclamen neapolitanum* (heutzutage *Cyclamen hederifolium*), der auf die Stadt Neapel verweist, ist daher irreführend.

Links *Cyclamen coum,* Alpenveilchen
Mitte *Cyclamen hederifolium,* Herbst-Alpenveilchen
Rechts *Cyclamen hederifolium*

Diese Art blüht rosa oder weiß, aber auch wenn sie nicht blüht, sind die Blätter so dekorativ, dass man sie gern anschaut. Die Blätter haben eine silberne Zeichnung, die bei jedem Blatt anders ausfällt. Es ist wie ein Fingerabdruck. Leider duften die Blüten nicht.
Cyclamen hederifolium ist schwer zu vermehren. Die Knollen sind manchmal so groß wie ein Suppenteller und wiegen bis zu 2 kg. In Marokko werden die Knollen an Schweine verfüttert. Alpenveilchen für den Garten werden in großer Menge in den Niederlanden (Westhoek) vermehrt und ich kann sie Gartenliebhabern nur empfehlen, auch wenn sie etwas Mühe machen. Sie gedeihen am besten in guter Blumenerde, aber wenn der Boden gut drainiert ist, wachsen sie auch unter Buchen, wo das heruntergefallene Laub oft jahrelang liegen bleibt. Ich will es dieser Pflanze recht machen und verwöhne sie jedes Jahr mit Asche. Ein Freund erzählte mir, dass er sie mit gemahlenen Eierschalen düngt, die er extra dafür aufhebt. Das Ergebnis ist positiv, denn die Alpenveilchen verbreiten sich in seinem Garten spontan, auch wenn der Boden dort sehr schwer ist. Es ist leichter, Alpenveilchen aus frischen Samen zu züchten als aus trockenen Knollen, jedenfalls, wenn man weiß, woher die Samen kommen. Und was die Knollen betrifft: Weiß man, wo oben und unten ist? Manchmal ist das schwierig zu entscheiden. Gute Sorten sind: 'Rosenteppich' und 'Perlenteppich', beide in der ehemaligen DDR entwickelt. Seit kurzem gibt es 'Nettleton Silver' mit einem silbrigen Blatt.

Im schattenreichen Waldgarten vom Hemelrijk Essen müssen wir im Winter höchstens ein paar Wochen ohne blühende Pflanzen auskommen. Es gibt immer wieder etwas, das gerade blüht. Mit Engelsgeduld warte ich im Februar auf das Ausschlagen von *Cyclamen coum*, das aus Coa in Kilikien (Türkei) und nicht von der griechischen Insel Kos kommt, wie man früher annahm. Es ist eine Art, die auch in Kroatien vorkommt. Die kleinen Blüten erheben sich auf kurzen Stielen über einer Rosette aus runden samtigen Blättern, die wenig Zeichnung haben. Das Dunkelrosa der Blüten ist intensiver und variabler als bei *C. hederifolium*. Die weiße Form 'Alba' ist seltener als die rosa Form. 'Pewterleaf' hat ein zinnfarbenes Blatt und 'Hyemale' blüht sehr früh.

Ich habe noch nie ein so strahlendes Weiß gesehen wie das von *C. persicum* (Zimmer-Alpenveilchen) in der Natur. Diese Art ist nicht winterhart genug für unser Klima. Schade. Auf der Insel Rhodos blüht sie zu Weihnachten. Die Blüten stehen auf hohen eleganten Stielen. In der Natur sollte man die Pflanzen in Ruhe lassen. Man kann sie hier im Handel finden. Sie werden in den Niederlanden in kleinen Töpfen gezogen. Sie sind allerdings teurer als die gezüchteten Alpenveilchen, die mit größeren Blüten und in vielen Farben erhältlich sind – vielleicht sind sie die populärsten Topfpflanzen. Ich erinnere mich, dass ich einmal für ein großes Wohltätigkeitsessen Blumenschmuck herstellte mit Blüten von *C. persicum*, die gerade aus Israel eingetroffen waren. Ich wusste nicht, dass sie dort als Schnittblumen gezüchtet werden. In einem ungeheizten Wintergarten, der hell genug ist und wo es nicht friert, kann man auch hier an dieser Art viel Freude haben.

Mit *Cyclamen repandum* will ich es noch einmal probieren. Es ist die einzige Art, die sich mit Ausläufern vermehrt. Die Blüten duften nach Veilchen. Große Kälte schadet dieser Pflanze. Aber sehr strenge Winter erleben wir nicht oft und daher ließ ich mich nicht entmutigen. Warum habe ich sie nicht mit Farnblättern oder Tannenzweigen abgedeckt? Jetzt ist es zu spät, darüber zu jammern.

Wir waren im Oktober in Anatolien in einer Gegend, wo sieben Dörfer liegen, die von der Ernte von Kiefernzapfen leben. Riesige Schirm-Kiefern (*Pinus pinea*) ragten über den Häusern auf. Auf den flachen Dächern trockneten die Kiefernzapfen. Die Wege bestanden aus fest gestampfter Erde und es gab nirgends Wegweiser. Der Weg zur Tür eines Hauses war mit geflochtenen Zweigen gesäumt und vor dem Haus lag ein riesiger runder Stein von etwa 2 m Durchmesser. Auf diesem Stein trockneten Feigen zwischen Alpenveilchen, die sich in kleinen Vertiefungen eingenistet hatten. Die Bewohnerin bot uns nicht nur frische Feigen an, sondern auch die Alpenveilchen, die wir so bewunderten. Letzteres konnte ich unmöglich annehmen. Auch unter dem Stein im Schatten hatten Knollen eine Bleibe gefunden und es schien ihnen dort gut zu gefallen. Das eine in der Sonne, das andere im Schatten, das eine noch trockener als das andere – und beide offensichtlich zufrieden. Ich bewunderte den Mut dieser *Cyclamen trochopteranthum*, dem bescheidensten, aber vielleicht tapfersten Mitglied dieser Familie.

Auf einer Höhe von 1700 m zwischen toten Zweigen des Wacholderstrauchs trafen wir dann noch auf Kalkboden *Cyclamen cilicium*. Der Standort kann demnach sehr unterschiedlich sein, aber was für alle Arten lebenswichtig ist, ist eine gute Drainage. Wer je ein Alpenveilchen im Topf besessen hat, weiß, dass man die Pflanze nicht begießen darf, sondern Wasser in die Schale darunter gießen muss.

Auf derselben Türkeireise besuchten wir auf den Rat unseres Freundes eine Höhle. Der Eingang war kalt und feucht und die Sonne drang niemals in das Innere der Höhle. Genau dort blühte *Cyclamen graecum*, das Griechische Alpenveilchen, das im Hinblick auf Blätter, Stiele und Blüten das robusteste ist. Die

Kronblätter sind kräftig dunkelrosa, aber kürzer als bei *C. hederifolium*. Es ist zu erwarten, dass in der Türkei noch mehr wilde Arten entdeckt werden.
Ich kann nicht anders, als kurz mein Lieblings-Alpenveilchen zu nennen, auch wenn es nicht in dieses Buch passt, da es im Herbst blüht. Niemand kann *Cyclamen purpurascens* (syn. *europaeum*), dem Sommer-Alpenveilchen, widerstehen, da es so herrlich duftet.

Eranthis ✻ Winterling

Die gelbe Blüte des Kleinen Winterlings, *Eranthis hyemalis*, liegt wie ein goldener Knopf auf einem frischen grünen Kragen aus Deckblättern. Der Winterling blüht im frühen Frühjahr, Februar / März, unter den kahlen Bäumen. Es ist schön zu sehen, wie am gleichen Standort die Frühjahrsblüher nacheinander blühen: erst der Winterling mit gelben Blüten, dann

Galanthus, Schneeglöckchen

das Schneeglöckchen und die Knotenblume mit weißen Blüten, gefolgt vom Lerchensporn mit lila Blüten. Winterlinge stehen gut unter Zaubernüssen, was die Farbkombination betrifft, aber der Boden ist dann etwas zu sauer für sie. Die Pflanze braucht einen neutralen Boden und schweren Lehmboden so wie viele seiner Verwandten, den Hahnenfußgewächsen.

Galanthus ❄ Schneeglöckchen

Mit Schneeglöckchen hatte ich wenig Erfolg, egal welche Sorte ich anpflanzte. Merkwürdigerweise war es nicht die Art selbst – *Galanthus nivalis* –, sondern eine Form mit doppelt gefüllten Blüten 'Flore Pleno', die im Arboretum Kalmthout auf dem sandigen Boden am besten gedieh. Die äußeren drei Blütenblätter stehen fast horizontal, wodurch die Blüten voller aussehen, aber sie sind weniger elegant. Die Pflanze breitete sich allmählich aus, aber es gab keine Samen und daher auch keine Sämlinge.

Schneeglöckchen wurden in der Vergangenheit in Schloss- und Klostergärten angepflanzt und von dort haben sie sich verbreitet, wie beispielsweise in der Domäne Rosendael (Walem, Antwerpen), wo das Schneeglöckchen in einem Stückchen quasi unberührter Natur im Netetal Wurzeln geschlagen hat.

Das Schneeglöckchen kennt viele Variationen innerhalb der Art. Die Form und die Zahl der Tepalen (Gesamtheit der inneren Blüten- und der äußeren Kelchblätter), die grüne Farbe und die Zeichnung der inneren Blütenblätter können sich voneinander unterscheiden. Dadurch kommt es, dass sehr viele Varianten des Schneeglöckchens im Handel sind. 'Saville Gold' hat ein gelbes Hütchen und ist an den Enden der inneren Kronblätter gelb. 'Pagode' hat gekräuselte äußere Blütenblätter. 'S. Arnott' wird schon seit 100 Jahren gezüchtet, hat die größten Blüten duftet stark und vermehrt sich gut. *G. reginae-olgae* wächst in Griechenland und Sizilien und blüht im Herbst. Es ist eine schmächtige Pflanze und bisher ist es mir nicht geglückt, sie anzusiedeln – trotz aller Sorgfalt.

Und jetzt, nach vielen Jahren, geht mein Traum in Erfüllung. Im Hemelrijk Essen, unter mächtigen Buchen, vermehrt sich das wilde Schneeglöckchen auf zwei Arten: Die Zwiebeln teilen sich und der Samen reift und keimt. Ich habe auch *Galanthus plicatus* ausprobiert, das Schneeglöckchen mit dem silbergrünen Blatt, das ich so im Jailagebirge, im Norden von Jalta, bewundert habe. Dort blüht es im Mai. Man findet es nur in Spezialkatalogen. *G. p.* ssp. *byzantinus* bekamen wir von unserem türkischen Freund. Die Pflanze wächst in der Natur in dem schweren Lehmboden bei Yalova (südöstlich von Istanbul). Wir haben sie an einer Mauer im Schatten eines wintergrünen Strauchs gepflanzt. Ich denke, sie wäre glücklicher unter den Bäumen zwischen Kräutern und totem Laub. Der richtige Standort ist ausgesprochen wichtig und ich suche weiter, bis ich ihn gefunden habe. Von *Galanthus woronowii* (manchmal irrtümlicherweise als *G. ikariae* bezeichnet) hatte ich von einer Reise in den Kaukasus nur eine Zwiebel von 1700 m Höhe (Krestovyapas) mitgebracht. Die kerzengeraden Stiele und die steifen röhrenförmigen Knospen erinnern mich an einen Priester, der feierlich in die Kirche einzieht. Diese besondere Pflanze ist in unserem Garten spurlos verschwunden. Ein anderes besonders früh blühendes Schneeglöckchen ist *G. elwesii*, das Großblütige Schneeglöckchen, aus der Türkei, das zweitbeliebteste Schneeglöckchen nach *G. nivalis*. Sein Kultivar 'Hyemalis' hat silbrige Blätter und die Blüten verbreiten einen zarten Duft. Die äußeren Kronblätter von 'Big Boy' haben grün gestreifte Enden.

Es werden noch immer neue Arten des Schneeglöckchens entdeckt. 1994 fand man auf den Kalkfelsen an der Südküste der Türkei *Galanthus peshmenii*. Im Moment gibt es etwa 500 verschiedene Schneeglöckchen (Arten und Kultivare) und jedes Jahr kommen

etwa 20 bis 30 dazu. Bei den Neuen gibt es auch viele zufällige Sämlinge. Und doch findet man in Gärtnereien nur eine begrenzte Auswahl, nicht mehr als zehn – wenn überhaupt so viel. Galanthophile haben es daher nicht leicht, ihre Sammlung auszuweiten. Wie auch immer, in jedem schattenreichen Garten sollten Schneeglöckchen wachsen, auch wenn Verwilderung über eine größere Fläche nicht so einfach ist, wie man es sich wünschen könnte.
Kann das Schneeglöckchen noch verbessert werden? In meinen Augen ist es – wie schon im Paradies – perfekt. Die Legende erzählt Folgendes: Als Adam und Eva aus dem Paradies vertrieben wurden, kamen sie in eine kalte Schneelandschaft. Ein Engel bekam Mitleid und flog zur Erde. Er fing einige Schneeflocken in seinen Händen auf und blies ihnen Leben ein. Aus den Schneeflöckchen wurden Schneeglöckchen. Das Schneeglöckchen als Symbol der Hoffnung an dunklen Tagen!

Hacquetia ✻ Schaftdolde

Meine erste slowenische Gartentochter Zinka machte mich mit der Schaftdolde (auch Goldteller), *Hacquetia epipactis*, bekannt. Es sind zart gelbgrüne Kissen von ca. 10 cm Durchmesser, ein echter Frühlingsstrauß im März / April. Die halbrunden Blütenschirme sind wie goldene Knöpfe auf einer Platte aus sechs grünen gezähnten Deckblättern. Sie richten sich nach der Sonne aus und es scheint, als ob sie einen mit einem strahlenden Lächeln direkt anschauen.
In der Natur habe ich die Schaftdolde in lichten Hainbuchenwäldern auf 500 bis 700 m Höhe gesehen. Sie ist eine subalpine Pflanze, nicht wirklich selten, aber nie in größeren Gruppen zu finden. Es ist nicht schwer, sie zu kultivieren, aber sie ist doch noch wenig bekannt. Sie wächst in humusreichen Böden, die nicht zu trocken sind. Ich habe die Schaftdolde auch schon in Vico Marcote in der Schweiz gesehen. Wir gingen mit unserem Gastgeber Peter Smithers im Garten spazieren, um die prächtigen Magnolien, Pfingstrosen und Kamelien zu bewundern. Der hoch gewachsene alte Herr beugte sich über dieses kleine Pflänzchen, das an der Haustür wuchs, als wäre es sein größter Schatz. Auch Dr. Rupreht kultiviert Schaftdolden in seinem Garten im Norden von Waalwijk (Niederlande) in Hochbeeten, die er mit kalkreichem Kompost anreichert und wo er auch Nieswurz und Alpenveilchen erfolgreich kultiviert.
Im Arboretum Kalmthout verschwand die Pflanze schon, nachdem sie das erste Mal geblüht hatte. Wahrscheinlich konnten die Besucher der Versuchung nicht widerstehen und nahmen sie mit nach Hause. Im Hemelrijk Essen wird sie nicht gestört. Sie gedeiht gut und sät sich von selbst aus. Ich hoffe, dass man sie bald häufiger Gärten sehen kann.

Links Schneeglöckchen
Folgende Seite *Hacquetia epipactis,* Schaftdolde

HELLEBOROUS ✳ NIESWURZ

Der erste Helleborus, den ich kennen lernte, war *Helleborus niger*, die Christrose. In der Gegend, wo wir wohnten und wo Landklima herrschte (Baranya), konnte diese Pflanze nicht gedeihen. Vielleicht hätte *H. orientalis*, die Orientalische Nieswurz, in unserem Garten wachsen können, aber wir kannten sie damals noch nicht. Schon seit meiner Kinderzeit empfand ich eine besondere Sympathie für diese Frühblüher und so war es kein Wunder, dass ich im Arboretum Kalmthout sofort, nachdem ich dort hingezogen war (1952), anfing, Nieswurz zu kultivieren. Das gelang auch, nur ausgerechnet die Christrose zeigte sich störrisch, obwohl sie mit Kalk, Asche und Magnesium verwöhnt wurde.

Schon in der zweiten Hälfte des 19. Jahrhunderts tauchten einige *Helleborus*-Arten in den Katalogen des Arboretums Kalmthout auf, unter anderem *H. abchasicus*, heute bekannt als *H. orientalis* ssp. *abchasicus*. Nach den Kriegsjahren 1914–1918 ist er dort allerdings nicht mehr zu finden. 1954 feierte *H. orientalis* sein Comeback im Arboretum Kalmthout. Wir bestellten über Saatlisten Samen. In jener Zeit war eine blühende Nieswurz noch eine Besonderheit für die Besucher, aber allmählich wurde sie eine bekannte und beliebte Pflanze. Jedes Jahr erweiterte sich das Farbspektrum der Blütenfarben: von reinweiß, grünweiß, elfenbeinfarben und rosa bis zu dunkellila. Es wurde heftig gesät und selektiert. Die Vermehrung nimmt etwas Zeit in Anspruch, aber nach 10 Jahren konnten wir den Besuchern eine schöne Sammlung von blühenden Nieswurzen präsentieren.

Auch andere Arten und Sorten wurden angepflanzt, seit 1960 beispielsweise *H. argutifolius*, die Korsische Nieswurz, und später andere Sorten, die vom Balkan und aus der Türkei kommen. *H. argutifolius* ist besonders geeignet für geschützte Stadtgärten, da diese Art – ebenso wie *H. odorus*, die Duftende Nieswurz, mit

Linke Seite *Helleborus orientalis,* Orientalische Nieswurz
Oben *Helleborus orientalis*

gelbgrünen duftenden Blüten – weniger winterhart ist. Ein erfolgreicher Neuankömmling (seit 1995) im Arboretum Kalmthout ist *H. multifidus* ssp. *herzegovinus* mit seinen tief eingschnittenen, farnartigen Blättern. Zuerst erscheinen die bescheidenen gelbgrünen Blüten an aufrechten, ziemlich dicken Stielen, die sich danach in einem Kranz an der Basis der Blätter und halb verborgen in Richtung Erde biegen. *H. atrorubens* und *H. purpurascens* haben dunkelrote, purpurne und fast schwarze Blüten. Da sich diese Arten untereinander willig kreuzen, sind zahlreiche Übergangsformen entstanden, die vielen Gartenliebhabern gefallen. Und doch sind die *Orientalis*-Hybriden am einfachsten zu kultivieren und am beliebtesten. Man findet bei den Sorten, die heutzutage im Handel sind, alle nur denkbaren Farben: creme, rosa, rot, fast schwarz und sogar blassblau. Die Blüten sind doppelt gefüllt, gepunktet, gefranst, gewellt, mit einem farbigen Rand – alles ist möglich. Die auffallenden „Blüten" sind in Wirklichkeit Deckblätter. Sie sind zäher und bleiben länger an der Pflanze, auch wenn die Samenkapseln schon dick sind – länger also als z.B. die Blütenblätter an einer Rose. Für einen Winterblüher kommt es schließlich darauf an, die Chancen auf eine Bestäubung zu erhöhen, indem man länger Insekten anlockt, die im Winter selten und träge sind. Die auffälligen Kelchblätter weisen den Weg zu den röhrenförmigen Kronblättern, die am Blütenboden ansetzen. Diese Honigblätter sind meist grün, manchmal aber auch gelb oder dunkler. Eine der vielen Sorten heißt daher auch 'Donkere Nectariën' (Dunkle Honigblätter).
Die meisten Arten der Nieswurz kommen vom Balkan und aus dem Nahen Osten, manche auch aus Tibet und China. Kürzlich wurde *Helleborus thibetanus*, der wegen seiner kurzen Vegetationsperiode den Sammlern und Botanikern entgangen war, wieder entdeckt und nach England gebracht. Die Blüten sind

Rechts *Helleborus multifidus* var. *herzegovinus*

hellrosa mit dunklen Streifen und grünen Honigblättern. Mikinori Ogisu, unser ehemaliger Praktikant aus Japan, hat ihn in freier Natur fotografiert und sammelte seine Samen. Ob wir ihn hier – ohne Schnee – kultivieren können, bleibt die Frage!
Die Blüten der Nieswurz hängen nach unten. Um sie von innen bewundern zu können, muss man auf die Knie gehen oder sie pflücken und in eine Wasserschale legen. Deutsche Züchter versuchen, Pflanzen mit kürzeren Stielen und aufrechten Blüten zu züchten. Englische Züchter bevorzugen Formen mit längeren Stielen und hängenden Blüten. Im Garten macht die Nieswurz keine großen Probleme. Sie mögen es nicht, umgepflanzt zu werden, und es ist nicht ganz leicht, sie zu teilen. Man hört und liest oft, dass sie kalkhaltigen Boden benötigen. Vorziehen ist sicher das bessere Wort, denn auch ohne Kalk kommen sie in immer größerer Zahl und immer kräftigeren Büscheln wieder, bis sie mit ihren Blättern den Boden bedecken wie ein dicker grüner Teppich. Ein wunderbarer Bodendecker im Sommer und prächtige Blüten im Winter – was will man mehr?
Ebenso wie die meisten Hahnenfußgewächse, wozu auch Hahnenfuß, Scharbockskraut und Eisenhut gehören, liebt die Nieswurz feuchten Boden. Sie überleben aber auch einen trockenen Sommer problemlos. Es mag merkwürdig klingen, aber die fremden Arten und Sorten machen weniger Umstände als die Arten, die hier heimisch sind. Die Stinkende Nieswurz, *H. foetidus*, ist eine kräftige Pflanze mit hellgrünen Blüten. In schwerem Boden ist diese Art zufrieden. Einheimische Arten sind häufig sesshaft, biotopgebunden und passen sich nur schwer an. Das gilt allerdings nicht nur für die Nieswurz. In Naturlehrgärten kann man ein Wörtchen darüber mitreden. Es ist unmöglich, die Bedingungen ihres Biotops nachzuahmen und durchzuhalten. Die Gartensorten und die kultivierten fremden Arten sind oft williger. Es hat also sicher keinen Sinn, die Pflanzen in der Natur zu suchen, um dann mitzuerleben, wie sie im Garten – trotz aller Sorgfalt – eingehen. In einer Spezialgärtnerei findet man sicher die Pflanze, die man sucht.
Die Nieswurz hat in den letzten Jahrzehnten sicherlich einen weiten Weg zurückgelegt – in die Gärten, aber auch in die Herzen der Gärtner. Viele haben sich durch schöne Fotos in Gartenzeitschriften verführen lassen und haben eine Nieswurz in ihrem Garten. Oder ist sie plötzlich verschwunden? Mäuse könnten etwas damit zu tun haben. Wenn im Dezember die Knospen der *H. orientalis* aus dem Boden kommen, fressen die Mäuse das junge Grün und scheinen keine Probleme mit den giftigen Stoffen zu haben, die darin stecken. Mäuse gehören nun einmal zum Leben im Garten. Der Schaden, den sie anrichten, ist nichts gegen die Freude, die wir mit dem Hauch von Frühling erleben.

Hepatica * Leberblümchen

In Slowenien wächst das Leberblümchen in kühlen Wäldern an Nordhängen. Im Garten sollte man einen geschützten Standort wählen. *Hepatica nobilis*, das Gewöhnliche Leberblümchen, wächst sehr träge, ist halb wintergrün und ein zartes Pflänzchen. Die Blüten sind von Natur aus violettblau, selten weiß oder rosa, und blühen am Ende des Winters. Die reizenden Blüten mit weißen Staubfäden und -beuteln stehen über dreiteiligen Blättern. Ein kostbares Kleinod, das es verdient, im Herbst und Winter etwas abgedeckt zu werden.
In einem neueren japanischen Katalog las ich, dass auf der Insel Ullung Do zwischen Korea und Japan eine Art vorkommt, deren Blüten so groß sind wie das ganze Leberblümchen, das wir kennen. Wie auch immer, hier gibt es unvorstellbar viele gezüchtete Formen in allen möglichen Farben. In London auf der Early Spring Show werden dem Publikum jedes Jahr immer

neue Züchtungen vorgestellt. Sogar die wählerischsten Liebhaber finden hier etwas nach ihrem Geschmack.

HYACINTHUS ✻ HYAZINTHE

Bereits im 15. Jahrhundert wurde in Dubrovnik an der dalmatinischen Küste eine Hyazinthe aus dem Nahen Osten eingeführt, die *Hyacinthus dalmaticus* genannt wurde. Im Kräuterbuch von Dodoens (1554) erschien zuerst eine Radierung von *Hyacinthus orientalis* und 10 Jahre später wurde diese Pflanze bereits in den Niederlanden kultiviert. Letztere ist die Urmutter der gezüchteten „holländischen Hyazinthen". Aus dieser Pflanze, die ihren Ursprung in der Türkei, im Libanon und in Syrien hat und die in der Natur rein violettblau blüht, wurde ein Regenbogen an Farben: rot, purpur, rosa, gelb und alle möglichen Schattierungen dazwischen. Ist diese Hyazinthe, die überall, wo sie wächst – in Natur und Kultur –, verehrt wird, wirklich so blau, wie sie in alten Büchern abgebildet wird? Glücklicherweise haben alle Nachkommen den feinen Duft der wilden Art geerbt. Darauf lässt sich zum großen Teil der Erfolg und die Beliebtheit der Hyazinthe zurückführen.

Im 19. Jahrhundert erlebte der Erfolg der gezüchteten Hyazinthe seinen Höhepunkt: Man spricht von viktorianischen Hyazinthen. Im 20. Jahrhundert ging es schnell bergab mit dieser Kultur und viele altmodische Sorten verschwanden oder kamen außer Gebrauch. 1970 waren nur noch 50 Sorten im Handel. Nun erlebt diese Pflanze zu Recht ein Revival. Eine Zwiebel, die im Haus zur Blüte gebracht wird, kann danach nach draußen gepflanzt werden, überleben und wieder blühen, dann allerdings etwas dürftiger.

Die Frage ist und bleibt: Wo kauft man die wilde Art, die botanische *Hyacinthus orientalis*? Leider muss ich eine Antwort schuldig bleiben. Sie wird nicht kultiviert. Die eng verwandte Art, *H. azureus*, kommt in Kilikien (Türkei) und anderswo in Kleinasien vor und blüht rein blau ohne eine Spur von violett oder purpur. Sie blüht einige Wochen lang im Februar / März. Ich habe diese Hyazinthe in Gegenden rund ums Mittelmeer mehrmals verwildert und naturalisiert gesehen. Sie gehört in die erste Reihe der früh blühenden Zwiebelgewächse. Eine blühende Traube trägt 20 bis 40 Glocken in einer Farbe, die die Engländer Cambridge-Blau nennen. Sie wächst auch hier, am liebsten in einem lehmigen und humusreichen Boden. Die einheimische Waldhyazinthe *Hyacinthoides non-scripta* ist mehr Scilla als Hyazinthe und blüht im Mai.

Iris ❄ Winteriris

Es kostete mich einige Mühe, um es der Winteriris, *Iris unguicularis*, recht zu machen. Zuerst pflanzte ich sie ins Gewächshaus. Dort war es schön warm, aber zu feucht. Danach versuchte ich es mit einem trockenen, sonnigen Ort an der Hausmauer. Das schien ihr zu gefallen. Sie ist dort auch heute noch und es ist immer wieder eine Freude, eine Blüte zu entdecken, eine blaue Blüte mitten im Winter. Sie ist eine Pflanze, die für Überraschungen sorgt. In einem Jahr gibt es nur wenige oder keine Blüten. Im nächsten Jahr entfalten sie sich in kleiner Zahl zwischen Oktober und März. Aber es geschieht auch, dass viele Blüten gleichzeitig geöffnet sind, ein üppiges Lavendelblau zwischen schwertlilienartigen, sich legenden Blättern.

Eine einfache Pflanze ist die Winteriris nicht. Unser Klima ist für diese algerische Schönheit zu rau. Sie kommt in der Türkei vor, auf den Inseln im Ionischen und Ägäischen Meer, auf der Peloponnes, in Marokko und Algerien und liebt das mediterrane Klima. Sie blüht hier am besten, wenn die Wurzelstöcke im Sommer zuvor die Chance hatten, gut auszureifen. Trockener, steiniger Boden, der sich leicht aufwärmt, ist ideal. Sogar der Schatten benachbarter Pflanzen verhindert die Erwärmung. Manchmal liest man, dass man die Blätter der Winteriris selbst entfernen soll, damit die Sonne die Erde erreichen kann. Dadurch verhindert man allerdings, dass die Pflanze Nährstoffe aufnimmt, um den Wurzelstock zu ernähren, und das ist nicht zu empfehlen. Tote Blätter kann man entfernen, wenn es mild ist, aber wenn es kälter wird, beschützen sie die Pflanze.

Es ist nicht zu empfehlen, die Winteriris während einer längeren Frostperiode mit Tannenzweigen zu bedecken – wie wir es mit empfindlichen Sträuchern machen. Die Pflanze braucht das Tageslicht. Am besten kann man abends einen Regenschirm über sie stellen, wenn man sieht, dass die Pflanze kurz vor der Blüte steht und Frost droht. Ziemlich umständlich, könnte man sagen, aber für diese ausgesprochen charmanten Blüten muss man etwas tun. Sie blüht nicht nur ungewöhnlich hellmauve, sie duftet auch zauberhaft. E.A. Bowles (1865–1954), der größte englische Gartenamateur und Zwiebelspezialist seiner Zeit, Pflanzenkenner und Autor, war in sie verliebt und nannte die Winteriris „den ersten Frühlingshauch“. Andere behaupten, sie dufte überhaupt nicht – aber nichts ist so subjektiv wie das Urteil über einen Duft. Neben der mauvefarbenen Winteriris gibt es auch Sorten mit weißen oder purpurfarbenen Blüten, mit schmalen oder gesprenkelten Blättern oder Zwergformen. Dazu kommen viele altmodische Kultivare, die aufgrund fehlender verlässlicher Dokumente schwer zu erkennen sind, und so fällt die Auswahl nicht leicht. *Iris unguicularis* wird im Augenblick nicht überall kultiviert. Wenn mehr Gärtner diese Pflanze kennen lernen, ändert sich das vielleicht. Wir hoffen darauf.

Andere frühe Iris für das Kalthaus oder als Topfpflanze

- *Iris reticulata* hat samtige tiefblaue Blüten mit goldener Zeichnung und einen feinen Duft. Sie ist eine sehr bekannte Pflanze, da sie als Topfpflanze leicht zu kultivieren ist. So lernen Gärtner sie kennen. Sie blüht meist Anfang Februar. Mehrere Gartensorten sind im Handel. Sie unterschieden sich in der Blütenfarbe – von purpurrot mit allen Zwischentönen bis blassblau. Beispiele: 'Hercules', 'Violet Beauty' und 'Natasha'.
- *Iris rosenbachiana* ist eine Zwergart in unterschiedlichsten Farben. Sie wächst im Gebirge in Turkestan und blüht hier von Januar bis März, früher als in freier Natur. Ein ungeheizter Wintergarten ist für diese Pflanze kein Luxus.

Rechts *Iris unguicularis,* Winteriris

✻ *Iris danfordiae* blüht im Januar mit gelben Blüten. Diese Art kommt aus Kilikien (Taurus), der Gegend, wo es die größte Vielfalt an kleinen Zwiebelgewächsen gibt.
✻ *Iris aucheri* kommt aus der Südosttürkei. Auch hier sind Sorten im Handel: 'Little Beauty', 'Little Princess', 'Fuselier' und andere.

Leucojum ✻ Knotenblume

Leucojum vernum, Frühlings-Knotenblume oder Märzbecher genannt, blüht noch vor dem Schneeglöckchen und ist ebenso charmant. Dennoch ist das Zwiebelgewächs noch relativ wenig bekannt und nur selten erhältlich. Obwohl es in der Natur sehr vielfältig vorkommt, wurde noch kaum damit gezüchtet. In Slowenien gibt es eine Form mit zwei Blüten an einem Stiel, in der Hohen Tatra eine mit einem geteilten Glöckchen. Trotzdem richtet sich die Aufmerksamkeit auf das Schneeglöckchen und für den Märzbecher gilt: unbekannt ist unbeliebt.
Die Pflanze bleibt eher klein und hat eine oder zwei Blüten an einem Stiel. Die weißen glockigen Blüten haben ebenso wie Schneeglöckchen grüne Flecken an der Spitze, aber alle sechs Blütenblätter sind gleich lang – nicht drei kurz, drei lang. Manchmal sind die Flecken nicht grün, sondern gelb und die Glöckchen sind tief eingeschnitten. Die Blüten verströmen einen dezenten Frühlingsduft. Ihre Samen haben ein runzliges, gelbweißes Nährgewebe. Ameisen interessieren sich sehr dafür und verschleppen den Samen, der auf diese Art verbreitet wird. Im Hemelrijk Essen wachsen Märzbecher am liebsten in der Nähe von Erlen und großen Sträuchern. Sie sind typische Marschlandpflanzen, die ab und zu sogar im Wasser stehen. Die Zukunft wird zeigen, ob sie bleiben und sich spontan vermehren werden. Manchmal verstehen Besucher nicht, dass „verwildern" nicht „verwahrlosen" bedeutet. Es ist eine alternative Form des Gärtnerns, sicherlich nicht einfacher als das Entwerfen und Bewirtschaften eines Blumenbeets in einem traditionellen Garten. Im Gegenteil. Auf einem Spaziergang zog ein kleines Mädchen Pflanzen heraus, während ihre Mutter daneben stand und zuschaute. Als ich eine Bemerkung fallen ließ, war die Mutter erstaunt: „Sie wachsen hier doch wild!"
Die Sommer-Knotenblume, *Leucojum aestivum*, blüht im Mai / Juni, ist höher (bis 0,5 m) und trägt mehrere kleine Glocken an einem Stiel. Sie wächst am liebsten am Rand von Gewässern.
Die Herbst-Knotenblume, *Leucojum autumnale*, kommt aus Nordafrika und ist selten. Sie ist ein märchenhafter Herbstblüher, der hier nicht wirklich glücklich ist – eine Pflanze, die man in einem ungeheizten Wintergarten hegen und pflegen muss.

Links *Leucojum vernum,* Märzbecher

Lysichiton ✻ Scheinkalla

Der Kolben (oder Spadix – das ist der Blütenstand) bohrt sich kräftig durch die noch gefrorene Erde. Er ist in auffällige Blütenscheiden gehüllt, in denen die Temperatur einige Grad höher ist als in der Umgebung. Insekten verstecken sich darin und sorgen so für die Bestäubung. In diesem Moment kann man noch kein Blatt entdecken. *Lysichiton americanus*, die Gelbe Scheinkalla, hat eine auffällige gelbe Blütenscheide und ist eine Sumpfpflanze. Die riesigen Blätter, die sich nach der Blüte entwickeln, verbreiten – wenn sie angefasst werden oder verwelken – einen unangenehmen bis widerwärtigen Geruch. Die Pflanze kommt von Kalifornien bis Alaska in sumpfigen Gegenden vor.

Ich habe oft versucht, diese extravagante Pflanze zu säen, aber ohne Erfolg. Schon die Samen zu ernten ist schwierig. Die großen Kolben fallen leicht auseinander und die Samen sind in eine geleeartige Masse gehüllt. 1963 war ich in den Staaten und wollte in einem Sumpf, wo Tausende dieser Pflanzen wuchsen, Samen sammeln. Da ich keine Samen fand, wütete ich eine Stunde lang, bis ich eine Pflanze ausgegraben hatte. Die bewusste Pflanze überlebte nicht. Doch ist es mir gelungen, an einem Teich im Arboretum Kalmthout sowohl die amerikanische als auch die asiatische Art zu kultivieren. Letztere, die Weiße Scheinkalla, *Lysichiton camtschatcensis*, hat eine weiße Blütenscheide. Darüber hinaus entstand in Kalmthout an gleicher Stelle ein prächtiges Exemplar – wahrscheinlich das Ergebnis einer Kreuzung – mit cremefarbenen Blütenscheiden und Blättern, die etwa 1,75 m hoch werden. Diese Hybride ist leider unfruchtbar. Es wäre ein harter Brocken, wollte man sie aus dem schweren Lehmboden ausgraben, und vor allem ist es riskant, den enormen Wurzelstock zu teilen. Es wäre ein

Rechts *Lysichiton americanus,* gelbe Scheinkalla

wunderbarer Anblick, diese Pflanze im Sumpfgebiet, das im Frühjahr auch unter Wasser stehen darf, wachsen zu sehen.

Die einheimischen Aronstäbe, *Arum maculatum* und *A. italicum*, die deutlich sichtbar mit der Scheinkalla verwandt sind, sind Waldpflanzen und blühen im April / Mai (daher tauchen sie in diesem Buch nicht weiter auf). Der kanadische Stinkkohl *Symplocarpus foetidus* (Skunk Cabbage, Choux puant oder Tabac du diable) ist mit der Scheinkalla eng verwandt. Ich sah im Frühjahr einmal Gelbe Scheinkalla blühen, die an einem Gartenweg wie Soldaten in Reih und Glied standen – keine schöne Art diese Sumpfpflanzen, die sich in einer Niederung oder an einem Bach wohl fühlen, wachsen zu lassen. Ein kleiner Teich mit Scheinkalla am Ufer und Scharbockskraut darum herum ist ein Stückchen Sumpflandschaft im eigenen Garten.

Muscari ❄ Traubenhyazinthe

Die Armenische Traubenhyazinthe, *Muscari armeniacum*, mit ihren tiefblauen Blüten ist eine Pflanze, die sich zur Verwilderung im Gras eignet. Im Garten kann sie sogar zu eifrig werden, sodass sie zu wuchern scheint. 'Saffier' und 'Cantab' sind andersfarbige Sorten. *M. aucheri* (syn. *tubergianum*) ist hellblau. Die obersten Blüten sind noch etwas heller. Diese Art ist besser zu kontrollieren. *M. neglectum*, die Weinbergs-Traubenhyazinthe, blüht ebenso wie die beiden anderen Arten im März / April. Traubenhyazinthen und Kleines Immergrün (*Vinca minor*) lassen sich schön kombinieren. Das zarte Blau und die

Unten *Muscari armeniacum,* Armenische Traubenhyazinthe
Rechte Seite *Narcis cyclamineus,* Alpenveilchen-Narzisse

glänzend grünen Blätter des Immergrün mildern das grelle Blau der Traubenhyazinthe. *Muscari botryoides*, die Kleine Traubenhyazinthe, ist einfach zu bekommen und in jedem guten Boden problemlos zu kultivieren. Um ihren Wert wirklich zu schätzen, sollte man Traubenhyazinthen verwildern lassen, bis sie große Farbflächen bilden, oder sie in einer Schale oder ein Hochbeet pflanzen, sodass man sie von Nahem betrachten und ihren Duft genießen kann.

Narcissus * Narzisse

Die wilde Narzisse, *Narcissus pseudonarcissus*, ist in Westeuropa einheimisch. Die Art kennt eine enorme Vielfalt in Farbe – von weiß bis dunkelgelb –, in Form und Größe der Blüte. Aus Irland kommt eine blassgelbe Form, *N. p. pallidiflorus*, die wir im Hemelrijk Essen angepflanzt haben. In Lehmboden können Narzissen verwildern. In einem neuen, gerade erst angelegten Garten sorgen Narzissen dafür, dass er von Anfang an hübsch aussieht und auch so bleibt, wenn wir uns etwas Mühe geben. In der Zwischenzeit können junge Sträucher wachsen und dem Garten die erwünschte Form geben.

Ich denke oft an die Narzissen unter den kahlen Birken im Arboretum Kalmthout. Zwischen den weißen Stämmen standen auf hohen Stielen Trompeten-Narzissen und sonnten sich in der Frühlingssonne. Es war ein Teppich aus gelben und weißen Blüten, mit kurzen oder langen Trompeten. Obwohl die Blätter nach der Blüte nicht gemäht oder aufgeräumt wurden, ging es mit den Narzissen bergab und schließlich waren sie verschwunden. Scharbockskraut riss den Platz an sich. So geht es nun einmal in der Natur, im Arboretum, aber ebenso in vielen anderen Gärten. Und doch ist dies kein Grund, Narzissen aus dem Garten zu verbannen. Sie werden auch Osterglocken genannt, aber viele Arten und Zuchtsorten blühen lange vor Ostern und gehören in den gerade erwachenden Garten. Selbst mitten im Winter müssen wir nicht auf sie verzichten. Sie gehören zu den winterhärtesten Pflanzen und sind leicht zu kultivieren. Obwohl es über 8000 verschiedene Narzissen gibt, finden die meisten Gärtner in einer kleinen Auswahl aus etwa 10 Arten und Sorten etwas nach ihrem Geschmack.

Die Alpenveilchen-Narzisse, *Narcissus cyclamineus*, ist eine früh blühende Zwergart, die aus Nordwest-Portugal und Spanien kommt und im Februar / März blüht. Die Blüten haben eine lange Trompete und zurückgeschlagene Kronblätter. Sie erinnern an junge Esel mit langen aufrecht stehenden Ohren. Ich sah diese Narzisse zu Tausenden in The Savill Gardens von Windsor Great Park (Buckinghamshire) und in Wisley Gardens (Großbritannien) wachsen. Im Hemelrijk Essen vermehrt sich diese Art auf einer Grasfläche durch Samen und unterirdisch. Die Samen kamen aus dem Windsor Great Park (John Bond). Wenn der Boden zu sandig oder zu trocken ist, geben diese Pflanzen es auf. Sie haben kein Problem mit schlechtem oder kaltem Wetter. Sie machen dann Fortschritte, aber nicht überstürzt. Sie stehen sehr dicht beieinander und müssten geteilt werden, aber ich will sie nicht stören. 'Jenny', 'February Gold' und 'February Silver' sind Kultivare dieser Art.

Ein anderer hübscher Frühblüher ist die Reifrock-Narzisse, *Narcissus bulbocodium*. Im Alpine Meadow von

Wisley Gardens breitet sie sich spontan aus. Die Unterart *N. b.* ssp. *romieuxii* blüht im Dezember / Januar auf der Veranda oder im ungeheizten Wintergarten.
Narzissen, die von der kleinen portugiesischen Art *N. triandrus* abstammen, haben kleine hängende Blüten mit meist zurückgeschlagenen Kronblättern. Diese bezaubernden Engelstränen-Narzissen sind in vielen Sorten im Handel, von weiß bis hellgelb. Einige von ihnen blühen schon im Februar. 'Thalia' ist elfenbeinfarben und eine der schönsten Sorten. 'Paper White', die im Winter blüht und darum meist drinnen aufgezogen wird, ist eine Sorte von *N. tazetta*. Sie ist eine beliebte Pflanze mit sechs duftenden Blüten an einem Blütenschaft.
Die klassischen Trompeten-Narzissen, ein- oder zweifarbig, gefüllt oder nicht gefüllt, blühen etwas zu spät, um hier beschrieben zu werden. Naturalisieren ist für diese Gartensorten unmöglich. Sie sind schon jahrhundertelang vom Leben in der Natur entfremdet. Verwildern – back to the roots – können sie nicht mehr.

Petasites ✻ Pestwurz

Zwischen den Sträuchern an den Ufern eines Gebirgsbaches in der Provinz Nara (Japan) schmolz der letzte Schnee. Der im Norden liegende Waldrand war von den blühenden Katsurabäumen (*Cercidiphyllum japonicum*) rot gefärbt. Sie zeichneten sich scharf gegen den blauen Himmel ab. Zu ihren Füßen bohrten sich die kurzen Kegel der Japanischen Pestwurz, *Petasites japonicus*, durch den schweren Boden, der von einer Schicht vermodernder Blätter bedeckt war.

Der Blütenstand ist ein kurz gedrungener Kopf, der von gelbgrünen Deckblättern umgeben wird und an ein Brötchen erinnert. Die Rhizome lagen beinahe über der Erde und es war nicht schwer, ein Stück auszugraben. Es dauerte eine Zeit, bis sich die Pflanze bei uns wohl fühlte, aber als sie sich erst einmal eingenistet hatte, war es schwer, sie wieder loszuwerden.

Später bekamen wir eine Sorte der Japanischen Pestwurz mit gefleckten Blättern. Die Blätter sind blassgrün und kleiner als die der Art und die Pflanze wuchert auch weniger – wie das bei bunten Sorten wohl häufiger vorkommt. Die Pflanze gedeiht ausgesprochen gut am Wasser oder an einer nassen Stelle im Garten.

Petasites japonicus var. *giganteus* ist riesengroß und hat Blätter mit einem Durchmesser von 1,5 m und Stiele von 2 m Höhe. Sobald der Winter vorbei ist, tauchen die Blütenköpfe auf und erinnern mich an flaumige Gänschen. In Japan isst man die aromatischen Blütenknospen und die Stiele, die man unter schwarzem Plastik bleicht. Die Knospen haben einen seltsamen Geschmack und ich bezweifle, ob sie hier als Gemüse Anklang fänden. Die Stiele, in kleine Stücke geschnitten, mochte ich wohl. Ich bewundere die Pestwurz –

Links *Narcissus pseudonarcissus,* Narzisse
Rechts *Petasites fragrans,* Vanillen-Pestwurz

selbst wenn die Blätter verwelken, habe ich Freude an ihren lustigen Formen. In einen Kübel gepflanzt, der in den Boden eingelassen wurde, ist sie eine imposante Erscheinung. Ich werde immer einen Platz für die finden, während andere das riesige Mammutblatt (*Gunnera*) am Teich vorziehen. Am Ufer eines Teiches oder Baches kann auch die einheimische Gewöhnliche Pestwurz, *Petasites hybridus*, mit ihren blässlich karminroten Blüten an hohen Stielen oder die am frühesten blühende Weiße Pestwurz, *P. albus*, wachsen. Die Vanillen-Pestwurz, *P. fragrans*, mit helllila Blüten wird aufgrund ihres feinen Duftes auch Winterheliotrop genannt. Dennoch wird die Pestwurz eher wegen ihrer dekorativen Blätter als wegen ihrer Blüten angepflanzt. Wenn ich an die Pestwurz denke, sehe ich das Netetal, wo diese Pflanze große Flächen eingenommen hat, und ich erinnere mich, dass es uns strengstens verboten war, dorthin zu gehen. Unter den großen hutförmigen Blättern war ein gefährlicher Sumpf!

Primula ✻ Schlüsselblume / Primel

Im Mauergarten vom Hemelrijk Essen sehe ich schon Ende Januar eine erste Schlüsselblume blühen, und etwas weiter noch eine, und noch eine ... Manchmal geschieht es, dass sich zu ungeduldige Exemplare einen Weg durch den Schnee bahnen müssen. Diese früh blühende Stängellose Schlüsselblume, *Primula vulgaris* (syn. *acaulis*) muss Frost und Wind trotzen, hat daher keine Stängel und bleibt niedrig. Schlüsselblumen sind starke Pflanzen. Nur Trockenheit mögen sie nicht. Sie wachsen am liebsten an Südhängen. *Primula vulgaris* hat von Natur aus hellgelbe Blüten mit einem dunkleren Auge. Schade, dass sie erst blühen, wenn die Blüte der Winterblüte vorüber ist. Blühende Winterblüten und zartgelbe Schlüsselblumen – das wäre eine zauberhafte Kombination. Man sollte es versuchen! Die Stängellose Schlüsselblume (auch Kissen-Primel genannt) wird in verschiedenen Farben in Unmengen verkauft. Man bekommt sie in kleinen Töpfen, meist in einem Trio aus drei Farben in einem Körbchen. Diese Pflanzen können, wenn es nicht mehr friert, nach draußen gepflanzt werden. Mit etwas Glück überleben sie und blühen wieder. Man sollte aber auf die Farben achten. Die Echte Schlüsselblume, *Primula veris* (syn. *P. officinalis*), hat einen dickeren Stängel mit dichten Sträußen von gelben Blüten in einem röhrenförmigen, etwas aufgeblasenen Kelch. Die Blüten hängen hinunter und duften gut. Diese einheimische Art eignet sich zum Verwildern auf einer Wiese oder einem Rasen, die nicht zu früh gemäht werden dürfen. In der Natur ist die Farbe hellgelb und kennt wenig Variation, es gibt allerdings andersfarbige Zuchtsorten. Im Hochgebirge von Indien wächst die Rosen-Primel, *Primula rosea*. Diese wilde Art wird nicht kultiviert. Die Sorte 'Grandiflora' ist dunkelrosarot. Sie ist leicht frostempfindlich und wird bei starkem Frost am besten mit Tannenzweigen abgedeckt. Es gibt darüber hinaus die *Juliae*-Hybriden, die aus dem Kaukasus und Kleinasien kommen. Eine Sorte ist 'Wanda' mit kräftig dunkellila Blüten. Die hier genannten Schlüsselblumen blühen irgendwann zwischen Januar und April, während die übergroße Mehrheit der bekannten Gartenprimeln Frühlings- und Sommerblüher sind.

Pulmonaria ✻ Lungenkraut

Lungenkraut ist ein idealer Bodendecker in Mischwäldern. Im Garten ist es geeignet für einen Standort mit leichtem Schatten. Nach einer reichen Blüte in Tintenblau, Rosa und Weiß fallen die behaarten, häufig gefleckten Blätter auf. Im Arboretum

Links *Primula acaulis,* Stängellose Schlüsselblume

Kalmthout wächst Lungenkraut unter groß blühenden Kirschbäumen. Wenn die Bäume Laub tragen, sorgen sie für die nötige Kühle. Lungenkraut mag nämlich die Mittagssonne gar nicht. Wenn es zu warm und zu trocken ist, verschrumpeln die Blätter und die Pflanzen werden in ihrem Wachstum behindert. Im Winter ist ein lockeres Abdecken der Blätter willkommen, aber die Lage darf nicht zu dick sein. Teilung nach zwei bis drei Jahren ist nicht unbedingt nötig. Lungenkraut breitet sich problemlos aus, auch langfristig.
Pulmonaria officinalis, das Echte Lungenkraut, ist in West- und Zentraleuropa heimisch und schon seit 1561 in Kultur. Englische *Pulmonaria*-Freunde haben in der Natur 25 Formen gefunden. 'Sissinghurst White' blüht schon im März mit weißen Blüten. Andere Sorten sind: 'Pink Dawn', als Knospe rosa und später mauve, und 'Margery Fish', erst rosa, dann hellblau. Die Blätter haben silbrige Flecken.
Ebenso früh – im März / April – blühen 'Bowles Red' und 'Barfield Pink', Kultivare von *P. rubra*, 'Beth's Pink' und 'Blue Ensign', Kultivare von *P. angustifolia*, und 'Cambridge Blue', eines der Kultivare von *P. picta* (syn. *saccharata*). Wer zarte, ruhige Farben liebt, sowohl was Blätter als auch Blüten betrifft, wird in der reichen Auswahl, die im Handel ist, sicher etwas nach seinem Geschmack finden.

PULSATILLA * KÜCHENSCHELLE

Schon früh im März kann die Küchenschelle in einem Steingarten, an einer Mauer oder im Vorgarten auftauchen: „Vergiss nicht, mich anzuschauen!" *Pulsatilla vulgaris* (syn. *Anemone pulsatilla*), die Gewöhnliche Küchenschelle, wächst in Europa von England und Südfrankreich bis zur Ukraine und im Norden bis nach Mittelschweden. Zwischen den doppelt gefiederten Blättern entfalten sich große lila, glockenförmige Blüten, die erst nicken und später aufrecht stehen. Die Stängel und die Außenkelchblätter sind silbrig behaart. Aufgrund dieser auffälligen Behaarung ist die Pflanze vor allem im Gegenlicht schön. Für den Garten wird nur diese Art angeboten. Es gibt auch einige Sorten mit rosa, roten und weißen Blüten. In Mitteleuropa, auf dem Balkan und in den Alpen kommen in der Natur noch andere Arten vor, aber sie blühen im Frühling und im Sommer. In vielen Ländern ist die Küchenschelle eine bedrohte und geschützte Pflanzenart. Wo sie noch vorkommt (in Slowenien beispielsweise), wird sie als seltenes Juwel begrüßt und bewundert, ebenso wie man in Japan den blühenden Kirschbäumen einen Besuch abstattet.

Linke Seite *Pushkinia scilloides,* Puschkinie
Unten *Pulmonaria spec.,* Lungenkraut

Puschkinia ✳ Puschkinie

Der russische Schriftsteller A. Puschkin entdeckte um 1800 im Kaukasus diese Zwiebelpflanze, die mit Blaustern und Sternhyazinthe verwandt ist und ebenfalls sehr früh blüht. Im Garten bilden sie ein schönes Trio. Die Puschkinie ist ein Juwel mit hellblauen Blüten wie aus Porzellan. Die Libanon-Puschkinie, *Puschkinia scilloides* var. *libanontica*, ist in allen Teilen größer (10–15 cm hoch) als die Art, die nicht kultiviert wird. 'Alba' ist eine reinweiße Form. Die Pflanze wächst am liebsten in leichtem Boden, der im Sommer trocken bleibt. Ein Bedecken im Winter ist nicht nötig, aber das abgefallene Laub kann zwischen und auf den Pflanzen liegen bleiben. Auch in einem Steingarten oder Topf ist sie zufrieden. Je mehr Zwiebeln in der Erde, desto schöner wird das Ergebnis. Die Puschkinie eignet sich zur Verwilderung, sogar in größeren Gruppen unter lichten Sträuchern oder Bäumen. Die Blüte fällt in den März und die Samen sind im Juni reif. Aus der Saat kann man im dritten Jahr blühende Pflanzen erwarten. Aber auch durch neue Zwiebelbildung breitet sie sich aus.

Ranunculus ✳ Hahnenfuss / Scharbockskraut

Mitte März, noch bevor das Märzveilchen blüht, liegt das Scharbockskraut wie ein glänzender gelber Teppich unter den Bäumen. Es blüht mit seinen hellgelben Sternchen nur einige Stunden am Tag. Für eine Kurztagpflanze muss das reichen. Alles muss schnell geschehen. Auch die Blätter leben nicht lange.

Die Wurzelknollen überleben in der Erde. Im Sommer fällt es schwer sich vorzustellen, dass das Scharbockskraut, von dem man keine Spur mehr entdecken kann, an dieser Stelle so üppig wucherte. Letzteres ist nicht übertrieben. Wenn der Boden feucht genug ist, breitet sich *Ranunculus ficaria* – man könnte die Pflanze frühe Butterblume nennen – ungeniert aus. Selbst auf fest getretenen Wegen kommt sie zum Vorschein. Ihr oberirdisches Leben ist von kurzer Dauer, aber lang genug, dass wir Freude daran haben. Scharbockskraut weckt Erinnerungen an Orte, wo die Natur ihre eigenen Wege gehen darf, an Pflanzen in freier Natur, um die sich niemand kümmert. Heutzutage hat es eine neue Bestimmung: In Gärten, wo die Natur noch ein Wörtchen mitreden darf, wird es als früher Bodendecker geschätzt. Am Fuß der kahlen Bäume, in einer Niederung oder an einem Bach hält das Scharbockskraut den Platz für Funkien und andere Blühpflanzen frei. Im Arboretum Kalmthout standen unter den Birken früher Narzissen, was sehr schön war. Aber jedes Jahr gab es weniger Narzissen und so ergriff das Scharbockskraut die Chance, die ganze Umgebung einzunehmen und in einen gelben Teppich zu verwandeln. Für die Liebhaber gibt es eine große Auswahl: doppelt gefüllte Blüten, bronzefarben, mit dunklen Blättern. Es gibt im Augenblick etwa 100 Sorten. 'Fore Pleno' wurde schon im 18. Jahrhundert gefunden und verbreitet. Der Gärtner und Autor E.A. Bowles empfing seine Besucher mit den Worten: „Ich hoffe, dass Sie einen Korb mitgebracht haben!" Er teilte seine Form mit doppelter Blüte mit jedem, der wollte. Die Pflanze heißt 'Bowles Double', obwohl er selbst

Links oben *Ranunculus ficaria,* Scharbockskraut
Links unten Der natürliche Standort von Buschwindröschen, Scharbockskraut und Schlüsselblume
Rechts *Scilla sibirica,* Blaustern

nichts dafür getan und diesen Namen nie vergeben hatte. In den achtziger Jahren entdeckte eine gewisse Rose Robson auf Spaziergängen mit ihrem Hund abweichende Formen in der Natur. 'Bunch' wurde nach ihrem Hund benannt, 'Mimsey' nach ihrer Katze. 'Brazen Hussy' hat dunkelrote Blätter, wodurch die Blüten noch greller wirken. Der Engländer John R.L. Carter hat die größte Sammlung an Scharbockskraut. Wer in seinem Garten mehrere Sorten pflanzt, kann spontane Kreuzungen erwarten. *Ranunculus asiaticus*, die Ranunkel, von der es mehrere Sorten gibt, ist hier nicht wirklich winterhart.
Der bekannte englische Dichter William Wordsworth (1770–1850) schrieb Gedichte über Scharbockskraut. Wer will da noch wagen, es als Unkraut zu bezeichnen?

Scilla ❄ Blaustern

In der Literatur über Zwiebelgewächse werden die kleineren häufig übersehen: Blaustern, Sternhyazinthe und Puschkinie. Man kann sie auch wirklich übersehen, da sie nicht höher als 10–15 cm werden. Aber sie sind unter Sträuchern so hübsch und auch geeignet zur Verwilderung in großen blauen Flecken, dass sie in diesem Buch sicher nicht fehlen dürfen.
Die allerfrüheste Pflanze – ab Februar – ist *Scilla mischtschenkoana* 'Tubergeniana', besser bekannt als *S. tubergeniana*. Sie ist eine Zwergpflanze mit silberblauen glockenartigen Blüten zwischen halb aufrechten Blättern. Die Blüten der gezüchteten 'Zwanenburg' sind stärker blau.
Etwas später – aber noch vor oder gleichzeitig mit Schneeglöckchen – blüht *Scilla bifolia*, der Zweiblättrige Blaustern. Er hat sternförmige, enzianblaue Blüten, die über den Blättern aufragen. Es ist eine winterharte Art, die etwas kalkhaltigeren Boden liebt. Die Sorte 'Carnea' hat sehr hellrosa, fast weiße Blüten und es gibt auch eine weiße Form 'Alba'.
Die dritte früh blühende Sorte ist *Scilla siberica*, der Sibirische Blaustern. Die Blütentrauben sind bis zu 10 cm hoch und haben hängende glockenförmige Blüten in verschiedenen Blautönen – je nach Sorte: 'Alba' ist weiß, 'Spring Beauty' violettblau mit einem dunkleren Mittelstreifen, 'Grace Lofthaus' violett. Manchmal wirkt es, als würden Edelsteine im Gras liegen.

Tulipa ❄ Tulpe

Es gibt nicht viele botanische Tulpen fürs frühe Frühjahr, die in unserem Klima gedeihen können. Die meisten blühen hier erst im April und Mai. Der Grund ist, dass die meisten Tulpen in freier Natur im Mittelmeerraum, in Nahen Osten und in Zentralasien vorkommen. Unser Klima unterscheidet sich sehr von dem dieser Herkunftsländer. In Zentralasien fällt beispielsweise der letzte Regen im Mai und dann fällt sechs bis sieben Monate kein Tropfen Wasser mehr. Und das bei einer Temperatur von 30 °C und darüber. So leuchtet ein, dass wir diese Tulpen nur mit Erfolg im Garten halten können, wenn wir die Zwiebeln jedes Jahr aus dem Boden holen, damit sie lagern können, und ihnen einen trockenen Boden anbieten. Ein Steingarten oder ein steiniger Boden sind für wilde Tulpen am geeignetsten. Für die meisten Arten bleibt einem nichts anderes übrig, als die Pflanzen zu roden, wenn die Blätter vertrocknet sind, und die Zwiebeln im Wintergarten zu lagern. Man muss allerdings darauf achten, dass keine Mäuse – die versessen auf Blumenzwiebeln sind – in der Nähe sind.
Ich habe bisher nur an einem Ort in Belgien eine wilde Tulpenart, *Tulipa sylvestris* (die Wilde oder Weinberg-Tulpe), sich spontan vermehren sehen, und zwar im Park Missenburg südlich von Antwerpen. Sie blühen mit gelben Sternen, die sich zwischen dürrem

Gras verteilen. Ein Freund, Paul Willems, hatte als kleiner Junge einige Pflanzen ausgestochen, die es über die Gracht des Schlosses von Edegem verschlagen hatte. Die Pflanze hat sich niedergelassen und die Population ist so selten, dass der Umweltbeamte der Gemeinde gekommen ist, um sie sich anzuschauen, da er daran zu Recht Interesse hat. (Streng genommen passt diese Tulpe nicht in dieses Buch, da sie erst Ende April blüht.)

1984, auf einer Reise mit der International Dendrological Society durch Zentralasien, konnten wir mit viel Mühe die Führer und Busfahrer überreden, uns in ein Gebiet zu bringen, das 60 km von der Stadt Taschkent entfernt liegt. Dort in den Bergen, in gerodetem Granitgestein, bedeckt mit einer dünnen Schicht Lehm und Humus, sahen wir einen nie gesehenen Reichtum an Zwiebelgewächsen. Die Gräser waren deutlich in der Minderheit. Stattliche Steppenkerzen erhoben sich über anderen Gewächsen. Ein junger Schäfer pflückte die feuerroten Blüten der *Tulipa fosteriana*, einer Art aus der Gegend um Samarkand. In dieser Gegend wurden 35 Jahre lang im Auftrag des niederländischen Blumenzwiebelhändlers Tubergen Zwiebeln gesammelt, vor allem zu Ende des 19. Jahrhunderts. Wenn diese Landschaft uns heute noch verzaubern kann, wie muss das nur vor 100 Jahren gewesen sein! „Jede Schlucht im roten Sandstein enthüllt im Frühling neue Krokusse, Anemonen, Iris, Tulpen, Schachbrettblumen und Steppenkerzen, die die Eintönigkeit der Mandelbäume und Pistazien durchbrechen." So schrieb damals Albert Regel (1845–1908). Ich bin überglücklich, wenn die Damen-Tulpen (*Tulipa clusiana*), die unweit des Hauses auf einem Steinhaufen wachsen, blühen, aber das ist nichts gegen das, was wir in der Natur erleben durften. Kürzlich lernte ich in Japan *Tulipa edulis* kennen. In Yokohama hinter den Gebäu-

Rechts *Tulipa kaufmanniana,* Kaufmanns Tulpe

den von Koichiro Wada standen die Japanischen Azaleen auf den Terrassen, wo sich früher Reisfelder befanden. Wada war ein Rhododendron-Fan und sehr stolz, dass diese Pflanzen in den heißen Sommern von Yokohama gedeihen konnten. Es war mir nicht gleichgültig, aber ich war viel mehr gefesselt von einer zierlichen kleine Tulpe, die mich an *Tulipa clusiana* erinnerte. Ich wusste nicht, dass es auch in Japan wilde Tulpen gibt, und dachte, dass dies nur eine Zwiebel gewesen war, die im Wurzelballen eines Rhododendrons mitgekommen war. Aber es ging hier wirklich um die einheimische *T. edulis*, die – wie der Name sagt – essbar ist. Auf dem Markt von Kyoto sah ich sie nicht. Andere Zwiebeln – von der Goldband-Lilie (*Lilium auratum*), vom Allermannsharnisch (*Allium victorialis*) und sogar von der Zahnlilie (*Erythronium*) – haben wir auf der Reise probiert. Wie auch immer, die eine Tulpe war wahrscheinlich eine einsam Überlebende aus einer lange vergangenen Zeit. Waren alle anderen auf den Reisfeldern ertrunken oder einfach geerntet und gegessen worden? In japanischen Gärten sieht man keine Tulpen, außer hier und da einer holländischen in einem Blumentopf. Tulpen waren auch in Japan nie-

mals Inspirationsquelle für Künstler, wie das im Nahen Osten und in Zentralasien der Fall war.
Eine Auswahl aus den frühen Arten und Sorten mag hier genügen: *T. aucheriana*, *T. linifolia* (Gruppe *Batalini*), *T. kaufmanniana*, *T. kolpakowskiana* und die allerfrüheste *T. pulchella* sowie Zuchtsorten wie beispielsweise 'Violacea', eine Tulpe mit kurzem Stängel und zyklamfarbenen Blüten mit einem dunklen Herzen, die sich für große Gruppen eignet.

Tussilago * Huflattich

Für viele ist der Huflattich ein zu klein geratener Löwenzahn, der sich im Datum geirrt hat. Löwenzahn, Margerite, Aster, Chrysantheme und viele andere Korbblütler sind Sommer- und Herbstblüher. Der Huflattich, gefolgt von der Gewöhnlichen Pestwurz, ist die erste blühende Pflanze am Wegrand. Wenn sich die filzigen Stängel aufrichten, kann man noch keine Blätter sehen. Mit den aufgerichteten Schuppen, die die Pflanze in eisigen Nächten beschützen, wirken die Stängel zu dick für die flaumigen schwefelgelben Blüten. Danach erscheinen die fast runden Blätter, die mit einer weißlichen Filzschicht bedeckt sind. Wenn die Blätter wachsen, wird diese Schicht dünner und schließlich sind sie glatt und glänzend. Wie oft habe ich versucht, diese Schicht zu entfernen, indem ich die Blätter vorsichtig mit zwei Fingern glatt strich! Diese Schicht erinnert an das Blatt der Silberpappel, die einst *Farfarus* hieß – daher der Name *Tussilago farfara*. Die Samenfasern sind weißer als die des Löwenzahns und die Samen haben es sehr eilig. Sie keimen bereits nach vier Wochen, zumindest wenn sie an einen geeigneten Ort kommen: feucht und sonnig.
Man hat den dekorativen Wert des Huflattichs niemals anerkannt. Vielleicht, weil er unkontrolliert in den Garten dringt? Es ist in der Tat eine Pflanze, die sich mit Samen, aber auch durch Ausläufer des Wurzelstocks in alle Richtungen ausbreitet. Aber er ist bei weitem nicht überall glücklich. Er liebt kalkhaltigen Boden. Winzer sehen ihn nicht gerne, aber wenn er bei uns in Belgien auftaucht, ist er eine willkommene Überraschung. In einem ökologischen Ziergarten fühlt er sich wohl. Er verdient, mit Freude begrüßt zu werden als Botschafter des Frühlings – ebenso wie Schneeglöckchen, Krokus, Frühlings-Adonisröschen

Links *Tussilago farfara,* Huflattich
Folgende Seite *Petasites japonicus* 'Giganteus', Japanische Pestwurz

Epilog

Nach der Lektüre dieses Buches kann man nichts anderes schlussfolgern, als dass auch der Winter eine lebendige, farbenfrohe und vor allem duftende Jahreszeit ist. Die unerwartet große Zahl der Winterblüher bewirkt, dass es für jeden Geschmack und für jeden Garten oder für jede Terrasse sicherlich geeignete Pflanzen gibt. Die besten Beispiele findet man im Arboretum Kalmthout und im Hemelrijk Essen, beide das Lebenswerk von Jelena und Robert de Belder.

In den botanischen Sammlungen der beiden Anwesen stehen viele Winterblüher. Sie sind nicht nur einzigartig aufgrund ihrer Anzahl und ihrer Vielfalt, sondern auch aufgrund des Umfangs und des Alters der einzelnen Exemplare. Darüber hinaus sind die Anpflanzungen häufig neue Sorten oder eine eigene Selektion. Was das betrifft, sind beide Domänen echte Versuchsgärten und ein Begriff in der botanischen Welt. Bis weit über die Landesgrenzen Belgiens hinaus gibt es Interesse an diesen einzigartigen Sammlungen.

Wie faszinierend die Winterblüher sind, zeigt sich bei den jährlich wiederkehrenden Hamamelisfesten, die im Arboretum Kalmthout organisiert werden. Feste, die ursprünglich die besondere Sammlung an Zaubernüssen in den Mittelpunkt stellte, sich inzwischen aber zu einem Winterfest für alle Pflanzen, die die kälteste Jahreszeit aufblühen lassen, entwickelt haben. Der enorme Besucherandrang bereitet uns manchmal Sorgen. Wird der zarte Rasen nicht zertrampelt? Wie auch immer, es wäre eine Schande, auf diese Winterschönheiten zu verzichten. Es ist eine Ehre, sie mit allen Garten- und Pflanzenliebhabern zu teilen.

Die Hamamelisfeste finden im Januar und Februar statt, um die genauen Termine zu erfahren, kann man entweder mit dem Sekretariat des Arboretum Kalmthout Kontakt aufnehmen oder sich im Internet unter www.arboretumkalmthout.be informieren.

Dipl.-Ing. Abraham Rammeloo
Konservator-Direktor Arboretum Kalmthout

Gemeinsam mit ihrem verstorbenen Mann, Robert de Belder, baute Jelena de Belder das Arboretum Kalmthout (nahe Antwerpen) zu einer der bemerkenswertesten Pflanzensammlungen Europas aus. Jelena de Belder veröffentlichte mehrere Bücher und Bildbände zu Gartenthemen. Sie war Ehrenvorsitzende der International Dendrological Society und Vizepräsidentin der Royal Horticultural Society.

Bie Wouters studierte Geschichte, ist als Umwelt- und Naturpädagogin aktiv und veranstaltet Führungen in der Natur. Sie ist aktive Mitarbeiterin und Vorstandsmitglied im Arboretum Kalmthout. Sie veröffentlicht regelmäßig Beiträge und Kolumnen in verschiedenen Zeitschriften und schrieb gemeinsam mit Jelena de Belder das Buch „Het Arboretum van Kalmthout".

Wer jemals Jelena de Belder über die Natur, über Pflanzen und Gärten sprechen hörte, wird niemals die Leidenschaft und das Engagement dieser großen „Gartendame" vergessen. In „Winterblüher" geben Jelena de Belder und Bie Wouters eine Übersicht über die häufigsten Blumen, Zwiebelgewächse, Pflanzen, Sträucher und Bäume, die dem winterlichen Garten eine frische Note geben. Der Naturfotograf Marc Slootmaekers bringt Ihnen die Winterblüher mit seinen wunderbaren und farbenfrohen Bildern ins Haus.

Landwirtschaftsverlag GmbH, 48084 Münster

Gestaltung: Wim Vanpoucke, VOPO GRAPHX
Übersetzung: Dorothea Raspe, Münster
Korrektorat: Mechthild Ragg, Münster
Fachlektorat: Anja Birne, Herford

Printed in Belgium

ISBN 3-7843-3315-X